PUTSCHKE

SACHTYPOLOGIE DER LANDFAHRZEUGE

SACHTYPOLOGIE DER LANDFAHRZEUGE

Ein Beitrag zu ihrer Entstehung, Entwicklung und Verbreitung

VON

WOLFGANG PUTSCHKE

WALTER DE GRUYTER · BERLIN · NEW YORK
1971

Schriften zur Volksforschung

herausgegeben von

Gerhard Heilfurth · Kurt Ranke · Matthias Zender

Band 4

ISBN 3 11 003517 0

VORWORT

Die Sachtypologie der Landfahrzeuge bildet die außersprachliche Designatgrundlage in meiner Dissertation Worttopologische Untersuchungen im Sach- und Nennstrukturat der Landfahrzeuge[1], Marburg 1966. Die Zielsetzung dieser zusammenfassenden Sachdarstellung wird im wesentlichen durch ihre Funktion innerhalb der Gesamtuntersuchung bestimmt, die den Sachgegenstand als notwendiges Korrelat zu den Benennungen behandelt. Diese sachtypologische Darstellung wurde bereits in den Jahren 1964 bis 1965 entworfen und nur in Hinsicht auf die speziellen Anforderungen eines separaten Teildruckes überarbeitet.

Für die ständige Förderung und die zahlreichen Anregungen, die meine gesamte Arbeit erfuhr, habe ich vor allem Herrn Professor Dr. L.E. Schmitt an dieser Stelle meinen Dank auszusprechen. Die vorliegende Sachtypologie wurde besonders durch die umfangreiche Beratung und wertvolle Unterstützung von Herrn Professor Dr. W. Dehn und Herrn Professor Dr. G. Heilfurth gefördert. Für ihre vielfältigen Bemühungen bin ich ihnen zu Dank verpflichtet.

Die Aufnahme meiner Arbeit in die Schriften zur Volksforschung wurde durch das freundliche Entgegenkommen von Herrn Professor Dr. G. Heilfurth, Herrn Professor Dr. K. Ranke und Herrn Professor Dr. M. Zender als Herausgeber dieser Reihe ermöglicht. Für die sorgfältige Drucklegung habe ich dem Verlag und besonders Herrn Professor Dr. H. Wenzel zu danken.

Von den mehrfarbigen Manuskriptkarten stellte Herr Scholz die druckfertigen Reinzeichnungen her und die fototechnischen Arbeiten für den Abbildungsteil wurden von Herrn Braun durchgeführt. Beiden Mitarbeitern des Forschungsinstituts für deutsche Sprache gilt an dieser Stelle mein Dank. Ebenso darf ich dankbar die Mithilfe meiner Frau hervorheben, die das druckfertige Typoskript herstellte und einen sehr wesentlichen Teil der Korrekturarbeiten übernommen hat.

INHALT

1. Einleitung

Die Grundzüge und Grundlagen einer Sachtypologie der Landfahrzeuge werden in Hinsicht auf Zielsetzung, Abgrenzung, Methode, Aufbau, Material und Bearbeitungsstand gekennzeichnet und in einem zusammenfassenden Überblick dargestellt.

1.1. Zielsetzung

Die Zielsetzung besteht in einer kurzen Skizzierung der Entstehung, Entwicklung und Verbreitung der Landfahrzeuge. Diese Aufgabenstellung erfordert:

(1) eine Definition des sachbezogenen Objektbereiches;
(2) eine Definition des geographischen und zeitlichen Untersuchungsbereiches[2];
(3) ein Darstellungsverfahren auf der Grundlage einer angemessenen Typenbildung[3].

Aus dieser Konzeption ergibt sich, daß die Leistung der sachtypologischen Darstellung vor allem in der Aufstellung eines sachstrukturellen Systems zu sehen ist. Damit wird jedem beliebigen Sachgegenstand des Definitionsbereiches durch seine konstruktiven und funktionalen Merkmale ein bestimmter Stellenwert zugeordnet.

In ihren wesentlichen Anforderungen ist diese Zielsetzung von der Gesamtdarstellung der Worttopologischen Untersuchungen im Sach- und Nennstrukturat der Landfahrzeuge abhängig, deren Aufgabe in erster Linie darin besteht, die Benennungen der Landfahrzeuge in ihrer synchronen und diachronen Schichtung sowie in ihrer diatopischen Verteilung zu behandeln. Im Rahmen dieser primär linguistischen Thematik stellt die Sachtypologie der Landfahrzeuge eine außersprachliche Grundlagenbildung dar. Diese Ausgangsbasis ist notwendig, da die Gesamtdarstellung von der Voraussetzung ausgeht, daß linguistische Untersuchungen nur in den Zentren mit entscheidenden Sachentwicklungen oder Sachinterferenzen relevant sind. Somit übernimmt die Sachtypologie die Funktion eines Auswahlkriteriums für die Bestimmung der geographischen und zeitlichen Untersuchungsausschnitte.

Diese Synchronschnitte werden auf der Grundlage eines worttopologischen Darstellungsmodells[4] analysiert, das die Sachgegenstände als notwendige Korrelate zu den Benennungen behandelt. Im Gegensatz zu der überblickhaften Sacherfassung in der Sachtypologie erfährt die Sachdarstellung in diesen Einzelanalysen eine detailliertere Untersuchung und eine strukturelle Darstellung auf einer formalen Basis, die von dem Sachinventar ausgeht und bis zur Aufstellung eines zugehörigen Sachstrukturates führt.

1.2. Abgrenzung

Die vielfältigen Erscheinungsformen eines Sachgegenstandes in seinen zeitlichen und räumlichen Ausprägungen sowie in seiner funktionalen Breite fordern für eine Behandlung deutlich definierte Abgrenzungen in Hinsicht auf:

(1) den sachbezogenen Objektbereich;
(2) den geographischen und zeitlichen Untersuchungsbereich.

Von einer Festlegung dieser Abgrenzungen ist jedoch zu verlangen, daß sie zu sachangemessenen Aufteilungen führt, um willkürliche Ausschnitte aus einem sach- und/oder funktionalbestimmten Gesamtgefüge zu vermeiden, die möglicherweise eine Einseitigkeit oder eine Verzerrung der Ergebnisse begünstigen. Diese Forderung nach sachimmanenten Abgrenzungen kann jedoch zu einer umfangreichen Definition des Objektbereiches und/ oder des Untersuchungsbereiches zwingen, so daß sich aus der damit verbundenen Materialfülle erhebliche Untersuchungs- und Darstellungsprobleme ergeben, die zumeist nur durch eine Beschränkung der thematischen Behandlung auf eine stichprobenartige Auswahl oder auf die typischen Erscheinungsformen zu lösen sind.

1.2.1. Abgrenzung des Objektbereiches

In dem Gesamtgefüge der Beförderungsmittel wird die sachtypologische Darstellung auf die Landfahrzeuge begrenzt, die durch eine Rad-Achsen-Konstruktion und Zugtiere fortbewegt werden und deren Funktion in Lasttransport oder Personenbeförderung besteht. Damit ist ein Objektbereich definiert, der sich auf Grund seiner konstruktiven Merkmale, seiner historischen Entwicklung und seiner räumlichen Ausbreitung als ein geschlossener Komplex darstellt, während er durch seine funktionale Stellung sowohl mit den vorausgehenden wie auch mit den nachfolgenden Formen der Landfahrzeuge auf das engste verbunden ist.

1.2.2. Abgrenzung des Untersuchungsbereiches

Die Entwicklung und Verbreitung der Landfahrzeuge steht in geographisch und zeitlich so weiten und relevanten Zusammenhängen, daß keine sachimmanenten Ausschnitte ohne eine Beeinträchtigung der Ergebnisse zu erreichen sind. Der damit verbundene Materialumfang zwingt jedoch zu bestimmten Einschränkungen, wobei entweder eine Einengung des geographischen oder des zeitlichen Untersuchungsbereiches vorzunehmen ist. Als Auswahlkriterium ist im wesentlichen die minimalste Beeinträchtigung der Ergebnisse anzusehen, so daß die Entscheidung zwischen diesen beiden Möglichkeiten weitgehend von der Leistungsfähigkeit der Methode abhängig ist. Da bei einer Reduzierung des geographischen Untersuchungsbereiches die entstehenden Lücken durch keine methodischen Verfahren zu ergänzen sind, ist lediglich im zeitlichen Untersuchungsbereich eine Einschränkung auf bestimmte Synchronschnitte möglich. Diese zeitliche Segmentierung führt allerdings nur dann zu keiner Beeinträchtigung der Ergebnisse, wenn durch den Vergleich dieser Synchronschnitte eine angemessene Approximierung des Entwicklungsablaufs erreicht wird.

Aus diesen methodischen Verhältnissen ergibt sich, daß der geographische Untersuchungsbereich ohne Einschränkung den gesamten altweltlichen Verbreitungsraum der Landfahrzeuge[5] umfaßt, während der zeitliche Untersuchungsbereich auf zwei Synchronschnitte begrenzt wird:

(1) einen frühzeitlichen (=prähistorischen oder frühen historischen) Synchronschnitt mit den regional frühesten Erscheinungsformen der Landfahrzeuge innerhalb des gesamten Verbreitungsgebietes;
(2) einen neuzeitlichen Synchronschnitt mit den gegenwärtigen Erscheinungsformen der Landfahrzeuge innerhalb des gesamten Verbreitungsgebietes.

Die Auswahl dieser beiden Synchronschnitte wird im wesentlichen durch die Zielsetzung der sachtypologischen Darstellung bestimmt, da der erste Synchronschnitt den Entstehungs- und Entwicklungsabschnitt der Landfahrzeuge repräsentiert und der zweite Synchronschnitt sowie sein sachprojektiver Vergleich mit dem ersten Synchronschnitt zu Aussagen über die Verbreitung der Landfahrzeuge führen.

1.3. Methode

Die methodische Grundlage der Untersuchung und Darstellung setzt sich im wesentlichen aus drei Komponenten zusammen, die sich gegenseitig ergänzen:

(1) einer sachtypologischen Komponente;
(2) einer sachkartographischen Komponente;
(3) einer sachprojektiven Komponente.

Die Auswahl dieser Methodenbasis ist weitgehend von der eigenständigen Zielsetzung und Abgrenzung der Sachdarstellung sowie ihrer Funktion im Rahmen der Gesamtuntersuchung abhängig: die Zielsetzung verlangt im wesentlichen eine sachtypologische Verfahrensweise, während die geographischen und zeitlichen Abgrenzungen eine sachkartographische und sachprojektive Darstellung erfordern. Erst durch diese methodische Leistungsfähigkeit ist die Sachdarstellung in der Lage, die ihr zukommende Funktion in der Gesamtuntersuchung zu erfüllen.

1.3.1. Sachtypologische Komponente

Die sachtypologische Verfahrensweise ordnet das Sachinventar eines Synchronschnittes auf Grund von konstruktiven und/oder funktionalen Merkmalen zu Sachtypen, die in einen entwicklungsgeschichtlichen Zusammenhang mit Sachtypen anderer Synchronschnitte gebracht werden, so daß dadurch sachtypologische Reihen entstehen. Dieses methodische Verfahren leistet durch seine Typenbildung eine angemessene Sacherfassung des früh- und neuzeitlichen Synchronschnittes und führt besonders im ersten Untersuchungsausschnitt zu einer übersichtlichen Darstellung der Entstehung und Entwicklung der Landfahrzeuge. Die Ergebnisse dieser Untersuchungsmethode werden in einem sachtypologischen Schema zusammengefaßt.

1.3.2. Sachkartographische Komponente

Die sachkartographische Verfahrensweise erfaßt die sachtypologisch gewonnenen Typen der Landfahrzeuge in ihrer raum-zeitlichen Gebundenheit und stellt ihre Ergebnisse auf entsprechenden Sachkarten dar. Dieses methodische Verfahren leistet durch seine kartographische Aufbereitungsform eine angemessene Darstellung der sachtypischen Verbreitung innerhalb des früh- und neuzeitlichen Synchronschnittes und bietet damit die Grundlage für weiterführende Untersuchungen, die sich zum Beispiel auf die raum-zeitliche Lagerung und die Ausbreitungsrichtungen einzelner Sachtypen richten.

1.3.3. Sachprojektive Komponente

Die sachprojektive Verfahrensweise betrachtet die sachtypischen Erscheinungsformen des frühzeitlichen und des neuzeitlichen Synchronschnittes und versucht auf der Grundlage der sachtypologischen und der sachkartographischen Ergebnisse zu einer Rekonstruktion des zwischenzeitlichen sachhistorischen Ablaufs zu gelangen. Dieses methodische Verfahren leistet durch seine sachprojektive Betrachtungsweise eine weitgehende Approximierung der gesamten Sachgeschichte der Landfahrzeuge und ermöglicht so eine wesentliche Reduzierung des Materialumfangs, die eine notwendige arbeitstechnische Voraussetzung darstellt, um die Zielsetzung dieser umfassenden Sachuntersuchung annähernd zu verwirklichen.

1.4. Aufbau

Für die Sachtypologie der Landfahrzeuge ergibt sich aus ihrer Zielsetzung, Abgrenzung und Methode der folgende Untersuchungs- und Darstellungsablauf:

(1) Mit Hilfe der sachtypologischen Methode werden die möglichen Vorformen für die Konstruktionselemente der Landfahrzeuge bestimmt und ihre jeweilige Verbreitung innerhalb des geographischen Untersuchungsbereiches sachkartographisch erfaßt.

(2) Auf der Grundlage dieser sachkartographischen Darstellungsform wird die Belegungsdichte der regionalen Vorformen festgestellt und die Gebiete mit höchster prozentualer Belegung als mögliche Entstehungs- oder Entwicklungsräume interpretiert.

(3) Innerhalb dieser potenziellen Entstehungs- oder Entwicklungszentren werden die sachkulturellen Voraussetzungen für einen regionalen Entstehungs- oder Entwicklungsprozeß des Landfahrzeuges untersucht und die sachprojektiven Zusammenhänge zwischen den Vorformen und den frühesten Erscheinungsformen der Landfahrzeuge überprüft.

(4) Die Ergebnisse dieser Untersuchungen ermöglichen die Bestimmung wahrscheinlicher Entstehungs- oder Entwicklungsräume und die Aufstellung eines sachtypologischen Entwicklungsschemas.

(5) Auf der Grundlage dieser Typenbildung wird die frühzeitliche

und die neuzeitliche Verbreitung der Landfahrzeuge sachkartographisch dargestellt und der jeweilige sachtypische Entwicklungsablauf mit Hilfe der projektiven Betrachtung in seinen Umrissen erfaßt.

1.5. Material

Die Materialbasis für die sachtypologische Darstellung der Landfahrzeuge setzt sich fast ausschließlich aus vorliegenden Einzeluntersuchungen zusammen, da die wenigen Gesamtdarstellungen entweder veraltet sind oder andersartige Zielsetzungen verfolgen. Eine Ausnahme bildet das Material des deutschen Gebietes, das zu wesentlichen Teilen durch eigene Sammelarbeit zusammengestellt wurde. Einen Überblick über das Sachmaterial bieten die Karten 1 bis 3 und der nachfolgende Abschnitt 1.6., der den thematischen Bearbeitungsstand in seinen Umrissen skizziert.

1.6. Bearbeitungsstand

Der Überblick über den Bearbeitungsstand kann sich nur auf die sachlich wie methodisch wichtigsten Arbeiten beschränken[6]. Die Gliederung der Forschungsbeiträge erfolgt nach der Intensität der thematischen Behandlung in explizite und implizite Sachforschung, die auf Grund weiterer Kriterien untergliedert wird, so daß sich die folgende Gruppierung ergibt:

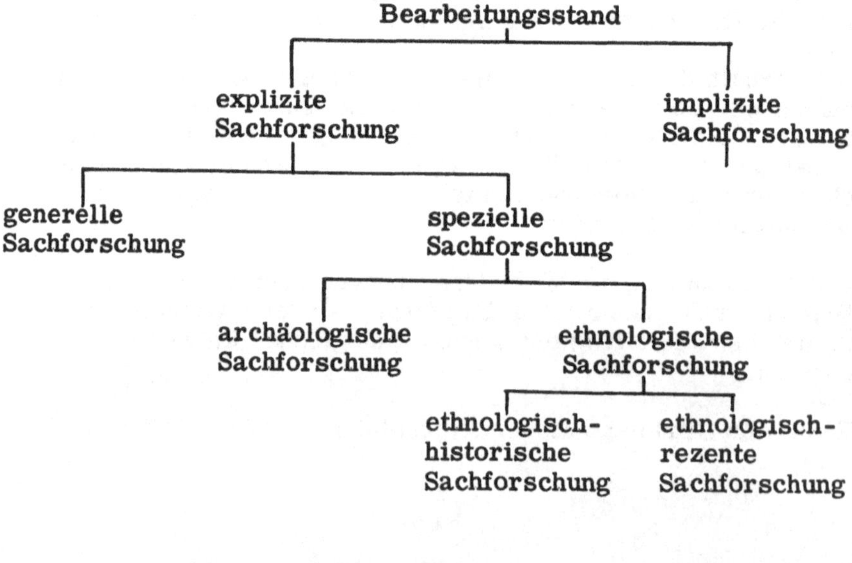

1.6.1. Explizite Sachforschung

Unter dem Gesichtspunkt der expliziten Sachforschung werden die Darstellungen zusammengefaßt, die ausschließlich die sachbezogene Problematik der Landfahrzeuge behandeln. Die Gruppierung erfolgt hier nach der Extensität der Behandlung in generelle und spezielle Sachforschung.

1.6.1.1. Generelle Sachforschung

Eine der ersten Zusammenfassungen der gesamten Sachgeschichte bietet das vierbändige Werk von Johann Christian GINZROT: "Die Wagen und Fuhrwerke der Griechen und Römer und anderer alter Völker, nebst der Bespannung, Zäumung und Verbesserung ihrer Zug-, Reit- und Lasttiere" (Band 1-2. München 1817) und "Die Wagen und Fahrwerke der verschiedenen Völker des Mittelalters und der Kutschenbau neuester Zeiten" (Band 3-4. München 1830). Diese umfangreiche Darstellung ist jedoch nur als enzyklopädische Stoffsammlung zu werten. Thematisch ist sie sehr deutlich auf die der Personenbeförderung dienenden Fahrzeugtypen eingeschränkt, so daß die Fahrzeuge der Landwirtschaft und des Lasttransports nur beiläufig erwähnt werden.

Die Materialgrundlage für die Darstellung in den ersten beiden Bänden beruht auf:

(1) literarischen Quellen antiker Schriftsteller einschließlich mythischer und biblischer Überlieferungen;
(2) ägyptischen, griechischen und italischen Bilddarstellungen[7]; zeitentsprechend handelt es sich hierbei aber mehr um eine kunsthistorische als archäologische Betrachtungsweise[8], so daß der anatolisch-mesopotamische Raum kaum berücksichtigt wird;
(3) ethnologischen Beobachtungen, die in der Art von Reisebeschreibungen erscheinen und denen häufig ein phantastisches Gepräge aneignet[9].

Eine ähnliche stoffliche Grundlage benutzt GINZROT auch zur Darlegung in seinen beiden letzten Bänden[10]. Den Schwerpunkt bildet hier die Entwicklungsgeschichte von dem mittelalterlichen Kobelwagen über die prunkvollen Kutschen und die eleganten Fahrzeuge der europäischen Gesellschaft des 18. und 19. Jahrhunderts bis hin zu den ersten Anfängen des Automobils. Diese Abschnitte bauen besonders auf seiner großen Fachkenntnis als königlich bayrischer Wagenbau-Inspektor auf.

Eine Nachprüfung der Ergebnisse wird durch die wenigen oder ungenauen Quellenangaben sehr erschwert oder überhaupt unmöglich; besonders bedauerlich ist dieser Mangel bei den sehr zahlreichen Abbildungen[11] der beiden ersten Bände, während die Provenienz in den letzten Bänden häufiger angeführt wird.

Die weiteren umfassenden Darstellungen von Theo WOLFF (1909), Edwin TUNIS (1955) und Wulf SCHADENDORF (1959) sind im wesentlichen populärwissenschaftlich geschrieben. Das meist völlige Fehlen jeglicher Quellenangaben kennzeichnet diese Arbeiten und schränkt somit ihre wissenschaftliche Bedeutung und Benutzung weitgehend ein.

Die Darstellung von Theo WOLFF:"Vom Ochsenwagen zum Automobil" bietet neben der Geschichte der Landfahrzeuge eine historische Betrachtung über die Verwendung des Pferdes als Zug- und Reittier sowie einen Abriß über die Entwicklung des Kraftfahrzeuges. Diese Arbeit wurde durch das Interesse angeregt, das einigen Aufsätzen von WOLFF in der Technik- und Sportpresse entgegengebracht worden war und trägt so ihrer Entstehung entsprechend einen stark journalistischen Charakter.

Eine weitgehende Abhängigkeit von GINZROT beweist die Darstellung von Edwin TUNIS: "Wheels. A pictorical history", die den gesamten Entwicklungsablauf von den Anfängen des Landfahrzeuges bis zum Automobil umfaßt. Besonders die zahlreichen Abbildungen zeigen eine erstaunliche Übereinstimmung mit denen von GINZROT[12], ohne jedoch ihre Herkunft zu nennen.

Eine deutlich feuilletonistische Prägung weist die Arbeit von Wulf SCHADENDORF auf:"Zu Pferde, im Wagen, zu Fuß. Tausend Jahre Reisen", deren Hauptinteresse, wie schon aus dem Untertitel zu ersehen ist, der Geschichte des Reisens gewidmet ist.

Die neueste Arbeit über die Gesamtgeschichte der Landfahrzeuge stammt von Wilhelm TREUE (1965):"Achse, Rad und Wagen". Die Zielsetzung dieser Darstellung wird im Untertitel formuliert:"Fünftausend Jahre Kultur- und Technikgeschichte", so daß der gesamte Entwicklungsablauf der Landfahrzeuge erfaßt wird. Die Materialgrundlage bildet fast ausschließlich die vorhandene Sachüberlieferung, die durch eine sehr umfangreiche Auswahl von Abbildungen exemplarisch repräsentiert wird. Das methodische Vorgehen bleibt weitgehend unreflektiert und ist in erster Linie in einer deskriptiven Darstellung des zeitlichen und/oder regionalen Inventars zu sehen. Im Zusammenhang mit dieser Darstellungsmethode steht der Aufbau, der für den vor- und frühgeschichtlichen Abschnitt regional bestimmt ist und den jeweiligen Bestand an Landfahrzeugen in dem Zweistromland von Euphrat und Tigris, in Indien, Persien, China, Nord- und Mittelasien, Ägypten und dem Gebiet der Sahara behandelt. Die weitere Darstellung des Entwicklungsverlaufes wird in zwei zeitgebundenen Kapiteln "Der Wagen im Mittelalter" und "Der

Wagen in der Neuzeit" zusammengefaßt.

Diese weitgehend deskriptive Behandlungsweise mit ihrer genauen Quellenbelegung und ihren zahlreichen Abbildungen erreicht eine grundlegende Bestandsaufnahme in den wichtigsten Vorkommensgebieten, jedoch fehlt eine übergeordnete Klassifizierung und eine thematische Kartierung des Sachmaterials.

Zu diesen monographischen Darstellungen kommen noch die kurzgefaßten Überblicke in allgemeinen kulturhistorischen und technikgeschichtlichen Werken hinzu[13].

Diese wenigen Arbeiten zu einer generellen Sachforschung können die Aufgaben nicht erfüllen, die einer Sachtypologie der Landfahrzeuge im Rahmen der worttopologischen Gesamtuntersuchung gestellt wurden[14], sondern sind in dieser Hinsicht lediglich als bereits zusammengestellte Materialsammlungen zu betrachten.

1.6.1.2. Spezielle Sachforschung

Von den generellen Darstellungen heben sich die archäologischen und ethnologischen[15] Arbeiten durch ihre wissenschaftsspezifische Methode und den betrachteten Zeitausschnitt ab: hierbei behandelt die Archäologie den vor- und frühgeschichtlichen sowie den antiken Zeitraum, während die Ethnologie die anschließende Sachüberlieferung bis zur Neuzeit umfaßt. Um einen Überblick über die zahlreichen Arbeiten der speziellen Sachforschung zu geben, werden sie in ihrem regionalen Gültigkeitsbereich in den Karten 1-3 zusammengestellt.

1.6.1.2.1. Archäologische Sachforschung

Auch hier zeigt sich das Fehlen einer zusammenfassenden Darstellung der archäologischen Ergebnisse hinsichtlich einer Sachgeschichte der Landfahrzeuge. Jedoch stellen Ansätze in diese Richtung die Beiträge von CHILDE (1952) und (1954) dar; sie können aber lediglich grobe Entwicklungslinien herausarbeiten. Einen noch knapperen Überblick geben die Handbücher[16], die aber mit Ausnahme von CLARK (1952) höchstens den Forschungsstand um 1930 wiedergeben. Damit können sie die heutigen Anforderungen nicht mehr erfüllen, da neueres Fundmaterial und verfeinerte Methoden in Datierung und Deutung zu veränderten Beurteilungen der Gesamtlage führten.

Großräumigere, aber immer noch regional begrenzte Arbeiten bestehen für:

Alter Orient : POPPLOW (1934)
Nordeuropa : MÖTEFINDT (1917)

Diese Darstellungen zeichnen sich dadurch aus, daß sie thematisch umfassend vorgehen und sich nicht auf eine bestimmte Fragestellung innerhalb des Problemkreises beschränken. Die weiteren Darstellungen[17] behandeln in übergreifender Weise eine spezielle Thematik des Sachgegenstandes oder des Betrachtungsausschnittes:

(1) Aus dem Bereich des Sachgegenstandes werden die folgenden Aspekte in einem überregionalen Ansatz bearbeitet:

(11) Das vierrädrige Landfahrzeug wird in den folgenden Arbeiten behandelt:

OFFORD (1902) und (1902a)
BRUNNHUBER (1951)

Während OFFORD nur Einzelheiten zu diesem Thema beiträgt, ist die Darstellung von BRUNNHUBER als die wichtigste Monographie zur Entwicklungsgeschichte der vierrädrigen Landfahrzeuge anzusehen. Das Quellenmaterial wird nach Funktionsgruppen und regionaler oder ethnischer Zugehörigkeit geordnet und ausführlich dargelegt. Eine wesentliche Basis bieten hierfür neben dem eigentlichen archäologischen Material die vereinzelten Ausführungen in der antiken Literatur. Durch diese Methode gehen auch sprachliche Belege in die Untersuchung ein. Leider sind der maschinenschriftlichen Arbeit die genauen und quellenmäßig belegten Abbildungen nicht beigefügt.

(12) Der zweirädrige Streitwagen wird in den folgenden Arbeiten behandelt:

NUOFFER (1904)
STUDNICZKA (1907)
MERCKLIN (1909)
NACHOD (1909)
BAUERSFELD (1944)
SCHÄFER (1931)
DITTMANN (1934)
SPENGLER (1937)
SCHACHERMEYR (1951)

Das räumlich geschlossenste Teilgebiet der archäologischen Forschung stellt der zweirädrige Streit- bzw. Rennwagen[18] dar. Die Aufarbeitung dieses Themenbereiches ist in erster Linie STUDNICZKA zu danken, der die Anregungen und Anleitungen für die Dissertationen von NUOFFER, MERCKLIN und NACHOD gab und selbst die verbleibende Lücke des syrisch-phönikischen Gebietes schloß. Diese Untersuchungen bauen ausschließlich auf dem archäologischen Quellenmaterial auf, das zwar heute durch eine größere Anzahl von neuen Funden aufgefüllt werden kann, jedoch an ihren Ergebnissen keine wesentliche Modifizierung notwendig macht, wie die zusammenfassende Darstellung von SCHACHERMEYR zeigt, der allerdings über den Bereich des Alten Orients hinausgehend auch die mykenischen Verhältnisse einbezieht. Speziell mit dem sogenannten Florenzer Streitwagen befassen sich die Arbeiten von SCHÄFER (armenisches Holz in altägyptischen Wagnereien) und DITTMANN (Herkunft des altägyptischen Streitwagens in Florenz).

Die Beurteilung des Streitwagens im nordischen Kulturkreis ist immer auf das engste verbunden mit der Frage nach dem Ursprungsgebiet dieses Fahrzeugtyps und seiner relativen Chronologie hinsichtlich des mediterranen-mesopotamischen Raumes. Dieser Problemkomplex kann durch die Arbeit von BAUERSFELD nicht als gesichert gelöst gelten[19], da sie wohl auf einer zu schmalen Sachgrundlage aufbaut. Von methodischem Interesse ist die Einbeziehung der irischen Sagenüberlieferung, deren Beweiskraft allerdings hypothetisch bleiben muß. Eine sehr kurze Zusammenfassung über die Thematik des Streitwagens gibt SPENGLER, die jedoch schon auf Grund ihres Umfanges die Anforderungen an eine ausreichende Gesamtdarstellung nicht erfüllen kann.

(13) Der Kultwagen wird in den folgenden Arbeiten behandelt:

UNDSET (1890)	BING (1918)
HAHN (1895) und später	SEGER (1931)
MERINGER (1904)	FORRER (1932)
PRAUSNITZ (1916)	BARB (1947)
SARTORI (1917)	

Diese Thematik wird von einer relativ umfangreichen Literatur bearbeitet, so daß die genannten Titel nur eine knappe Auswahl darstellen. Die umfassenste Behandlung dieses Problemkreises hat PRAUSNITZ vorgelegt. Die besonderen Schwierigkeiten bestehen bei dieser Fundgruppe darin, daß ihre Funktion nicht gesichert erschlossen werden kann[20]. Einen methodisch wie sachlich interessanten Beitrag zu diesem Problemkreis bietet BARB (1947), der einen besonderen Typ, den Deichselwagen, als Gebrauchsgegenstand nachweisen konnte und diese Feststellung auf die gesamten sogenannten Kultwagen ausweitete. Für die sachtypologische Darstellung der Landfahrzeuge wird diese Fundgruppe nur gelegentlich herangezogen, da ihr Aussagewert nur bedingt relevant ist. Mythische oder religiöse Vorstellung, Beharrung oder modische Neuerungen können unmodifiziert in diese Fahrzeugmodelle eingehen und sind interpretativ nur mit großen Schwierigkeiten zu trennen, so daß es bei der Heranziehung dieser Fundgruppe leicht zu einer Veränderung des Gesamtbildes kommen kann.

(2) Im Rahmen der verschiedenartigen Betrachtungsmög-

lichkeiten werden die folgenden Aspekte in einem weitgehend überregionalen Ansatz bearbeitet:

(21) In einem speziellen Zeitabschnitt wird das Landfahrzeug von den folgenden Arbeiten behandelt:

Stein- und Bronzezeit	: LECHLER (1933)
Eisenzeit	: DVOŘÁK (1938)
	JOFFROY (1957)
Urnenfelderzeit	: MÜLLER-KARPE (1956)
Hallstattzeit	: PARET (1935)
	SCHIEK (1954)
	DRACK (1958)
	KOSSACK (1959)
Latènezeit	: JOFFROY - BRETZ-MAHLER (1959)

Die hier genannten Darstellungen beziehen sich zumeist auf eine größere Fundgruppe, während die Arbeiten zu Einzelfunden in dieser Zusammenstellung im wesentlichen unberücksichtigt bleiben, da sie aus der Karte 1 zu ersehen sind. Die gewählten Betrachtungsausschnitte werden weitgehend von der vorgeschichtlichen Chronologie bestimmt und korrelieren nur zum Teil mit bestimmten Fahrzeugtypen. Insgesamt repräsentieren diese Arbeiten den vorgeschichtlichen Entwicklungsablauf der Landfahrzeuge innerhalb des europäischen Gebietes. Die Schwierigkeiten bestehen vor allem in einer zuverlässigen Datierung des Fundmaterials. So ist zum Beispiel die Darstellung von LECHLER nicht kritiklos hingenommen worden. Besonders strittig ist die Deutung und Datierung der Züschener Grabdarstellung, die jedoch eine zentrale Stellung für die chronologische Einordnung der nordischen Wagendarstellungen innehat.

(22) Auf der Grundlage von speziellen Quellengattungen wird das Landfahrzeug in den folgenden Arbeiten behandelt:

Bildliche Quellen	
Kunst	: HOERNES-MENGHIN (1925)
	PRZEWORSKI (1929)
	MOORTGAT (1930)
	CHRISTIAN (1933)
Felszeichnungen	: KÜHN (1927)
	REINECKE (1934)
	BREUIL (1933-35)
	ALTHEIM - TRAUTMANN (1937) (1938)
	GRAZIOSI (1941)
	ALTHIN (1945)
	PITTIONI (1949)
	KÜHN (1952)
Glyptik	: PROCOPÉ-WALTER (1929)

Urnen	:	LA BAUME (1924) und später
Situlen	:	KARNER (1891)
		LUCKE - FREY (1962)
Münzen	:	HEILBRONNER (1923)
Schriftliche Quellen	:	SCHEFFER (1737)
		GRASHOF (1846)
		REICHEL (1894)
		THRAEMER (1901)
		SALONEN (1951)

Diese Quellengattungen haben für eine sachtypologische Darstellung der Landfahrzeuge einen verschiedenartigen Aufschlußwert, der sich aus ihrer unterschiedlichen Beitragsmöglichkeit ergibt. Die bildlichen Darstellungen stellen neben den Original- und Modellfunden den wesentlichsten und wichtigsten Teil der Sachüberlieferung dar. Ihre Schwierigkeiten liegen in der ungenauen und oft nur andeutenden Darstellungsart, in der perspektivischen Reduzierung, in dem zum Teil sehr schlechten Überlieferungszustand oder in künstlerischen Darstellungsprinzipien, die nur auf interpretativem Wege zu einer Rekonstruktion des real gemeinten Sachgegenstandes führen. Demgegenüber sind die schriftlichen Quellen für eine sachtypologische Darstellung der Landfahrzeuge mit Ausnahme der piktographischen Schriftzeichen von einer untergeordneten Bedeutung, da ihr Aufschlußwert für eine Rekonstruktion von Sachgegenständen im allgemeinen geringer ist.

(23) Mit der speziellen Thematik der Entstehung des Rades und des Landfahrzeuges befassen sich die folgenden Arbeiten:

TYLOR (1881a)	PITTIONI (1929)
FORESTIER (1900)	LANG (1930)
HAHN (1903)	BOUMPHREY (1932)
LOEWENTHAL (1918)	MAHR (1934)
MÖTEFINDT (1918)	SMOLIAN (1964)

Die hier auswahlweise aufgeführte Literatur versucht in zumeist hypothetischer oder spekulativer Weise den Ursprung des Rades und des Landfahrzeuges zu erschließen. Methodisch wird nicht immer exakt zwischen der Entstehungsproblematik dieser beiden Sachgegenstände unterschieden, die thematisch zwar eng zusammengehören, entwicklungsgeschichtlich aber durchaus auf verschiedenartige Fragestellungen führen. Eine Ausnahme von dieser allgemeinen Tendenz stellt die Arbeit von SMOLIAN dar, der eine raum-zeitliche Kartierung und eine technologische Klassifizierung der Sachüberlieferung durchführt und auf dieser Basis zu begründeten Aussagen über die Entstehung der Landfahrzeuge gelangt.

(24) Spezielle Einzelprobleme im Zusammenhang mit den Landfahrzeugen behandeln die folgenden Arbeiten:

Drehbewegung	:	HORWITZ (1933)
Drehschemel	:	MÖTEFINDT (1919)
Fahren und Reiten	:	WIESNER (1939)
		STREUBEL (1954)

Diese Zusammenstellung bietet nur einen kleinen Ausschnitt aus den zumeist technologischen Problemkreisen, die in Hinsicht auf das Landfahrzeug behandelt werden[21]. Einen interessanten Versuch stellt in diesem Zusammenhang die Arbeit von HORWITZ dar, der auf die Erschließung der technischen Möglichkeiten einer vorgeschichtlichen Lebensgemeinschaft zielt, um von diesen grundsätzlichen Erwägungen aus die Entwicklungsgeschichte des Landfahrzeuges in seinen Anfängen zu verfolgen. Die Berücksichtigung der technischen Bedingungen und Möglichkeiten führt innerhalb der thematischen Behandlung der Landfahrzeuge zu einer grundsätzlichen Objektivierung der Aussagen, die gegenüber der zumeist spekulationsfreudigen Literatur unbedingt notwendig ist.

Neben diesen Darstellungen, die immer nur einen ganz speziellen Problemkreis herausschneiden, stehen die kleinräumigen, sich oft nur auf einen einzigen Fund beschränkenden Arbeiten. Ihre Methode ist im allgemeinen deskriptiv und vergleichend. Sie sind ebenfalls in der Karte 1 enthalten, sofern sie bedeutende Einzelfunde oder wichtige Parallelen aufzeigen.

Der archäologische Arbeitsraum wird von der Karte 1 repräsentativ wiedergegeben. Die Verbreitungsgebiete dieser Arbeiten bilden eine annähernd geschlossene Fläche, so daß Aussagen über den gesamten Raum mit einiger Relevanz möglich sind. Sie läßt aber auch die großen freien Räume im östlichen Teil des altweltlichen Verbreitungsgebietes erkennen, die nicht ohne Einschränkung als fundleer gedeutet werden dürfen, sondern durch den unterschiedlichen Forschungs- und Publikationsstand wohl wesentlich mitbedingt sind. Bei der Darstellung der archäologischen Sachschicht wird diese Tatsache immer zu berücksichtigen sein.

1.6.1.2.2. Ethnologische Sachforschung

Innerhalb dieses Bereiches ist auf Grund des betrachteten Zeitraumes eine ethnologisch-historische und eine ethnologisch-rezente Sachforschung zu unterscheiden. Während die ethnologisch-rezente Sachforschung die gegenwärtigen Verhältnisse mit gelegentlichen Ausblicken bis in das 18. Jahrhundert betrachtet, umfaßt die ethnologisch-historische Sachforschung den verbleibenden Abschnitt bis hin zur Frühgeschichte. Da die ethnologisch-historische Sachforschung keine spezielle wissenschaftliche Disziplin darstellt, sind an der Bearbeitung dieses Bereiches mehrere Fachgebiete wie Volkskunde, Völkerkunde, Kunstgeschichte und Geschichte randhaft und mit sehr unterschiedlichen Aspekten beteiligt. Aus diesen Zuständigkeitsverhältnissen ergibt sich, daß die Sachgeschichte der Landfahrzeuge in diesem Zeitraum nur sehr lückenhaft aufgearbeitet wurde. Diesen Bearbeitungsstand teilt das Landfahrzeug jedoch mit der gesamten Sachforschung dieses historischen Bereiches, obgleich schon wiederholt auf ihre Bedeutung hingewiesen wurde[22].

(1) Ethnologisch-historische Sachforschung

Die ethnologisch-historische Sachforschung verfügt im Bereich der Landfahrzeuge lediglich über punktuelle Aufschlüsse. Die Ursache für diese Verhältnisse ist zumeist in Hinsicht auf den frühen historischen Zeitabschnitt nicht allein in dem unzureichenden Bearbeitungsstand zu sehen, sondern vor allem in dem Übergang vom Fahren zum Reiten begründet. Damit wird das Landfahrzeug in seiner Funktion als Verkehrsmittel bedeutungslos und bleibt lediglich als Lastfahrzeug in dem bäuerlichen Bereich erhalten, so daß diese geringe Relevanz des Sachgegenstandes seine spärliche Bearbeitungs- und Quellenlage bedingt.

Die L i t e r a t u r über den Entwicklungsverlauf der Landfahrzeuge in diesem ethnologisch-historischen Bereich ist außerordentlich gering. Nur vereinzelte Hinweise finden sich im Rahmen umfassender Abhandlungen über die mittelalterlichen Lebensformen, so zum Beispiel bei SCHULTZ (1892) und HEYNE (1901). Neben einigen kleineren Beiträgen von PIRENNE (1930) u.a. ist im wesentlichen nur die Thematik von "Fahren und Reiten im Übergang vom Altertum zum Mittelalter" durch STREUBEL (1954) monographisch und umfassend behandelt worden. Eine Ausnahme von diesem allgemein schlechten Bearbeitungsstand bilden die englischen Verkehrsverhältnisse des Mittelalters, die durch eine Reihe von Darstellungen relativ gut aufgearbeitet sind[23].

Erst die technischen Neuerungen des 13. bis 16. Jahrhunderts führen wieder zu einer verstärkten Verwendung des Landfahrzeuges als Verkehrsmittel. In zentraler Stelle steht dabei das sachtypologische wie sprachliche Herkunftsproblem des Kutschentyps. Die wichtigsten speziellen Arbeiten hierzu sind: CORNIDES (1781), (1782); HORWITZ (1934) und BOYER (1959).

Die M a t e r i a l g r u n d l a g e der ethnologisch-historischen Sachforschung besteht überwiegend aus Bilddarstellungen, die allerdings erst im 16. Jahrhundert in einer ausreichenden Dichte vorhanden sind, um zu einer geschlossenen Dokumentation zu gelangen. Die Schwierigkeiten dieser Quellengattung wurden bereits bei der archäologischen Sachüberlieferung aufgezeigt[24], dennoch bilden diese Bildzeugnisse einen sehr wesentlichen Beitrag für die sachhistorische Darstellung der Landfahrzeuge[25]. Als eine knappe Auswahl sind die folgenden Arbeiten anzusehen:

RAHN (1878)	BORDONA (1930)
TIKKANEN (1903)	GOLDSCHMIDT (1932)
FEHR (1923)	HATTINGER (1960)
KURTH (1926)	SCHMIDT (1962)

Für diese Quellengattung wurde im wesentlichen das BILDARCHIV FOTO MARBURG benutzt, dessen umfangreiche Sammlung eine ausreichende Materialbasis darstellt, um zu einer repräsentativen Stichprobe zu gelangen.

Für die ethnologisch-historische Sachforschung steht außerdem sprachliches Urkundenmaterial zur Verfügung, das aber bisher nur punktuell aufgearbeitet ist. Auf dieser Grundlage basieren zum Beispiel die Arbeiten von ZIMMERMANN (1929) und FREY (1932). Diese einzelnen Beiträge lassen sich aber zu keiner geschlossenen Gesamtdarstellung zusammensetzen.

(2) Ethnologisch-rezente Sachforschung

Die Arbeit von BERG (1935) stellt trotz ihres einschränkenden Titels:"Sledges and wheeled vehicles. Ethnological studies from the view-point of Sweden" die r e g i o n a l ü b e r g r e i f e n d e s t e e t h n o l o g i s c h - r e z e n t e B e h a n d l u n g der Landfahrzeuge dar. Seinen methodischen Grundsatz übernimmt er von LAUFER (1931) 536:"no historical problem can be understood and solved with any hope of success by limiting our attention to one particular culture-sphere to the exclusion of all others, and even in the minutest specialization of our work we must never be forgetful of the universalistic standpoint". Die Anordnung seiner Darstellung impliziert zugleich auch eine sachhistorische Entwicklungslinie von Schlitten und Schleife zu dem zwei- und vierrädrigen Landfahrzeug. Die einzelnen Kapitel zeigen in ihrem Aufbau einen ständig wechselnden Vergleich von geschichtlichen und gegenwärtigen Verbreitungsgebieten bestimmter Fahrzeugtypen.

In einer gleichfalls ü b e r r e g i o n a l e n S i c h t wird die Thematik der Landfahrzeuge in den Beiträgen von HETTNER (1894), MITZKA (1938), DEFFONTAINES (1937), (1938) und HAUDRICOURT (1948), (1955) behandelt. DEFFONTAINES arbeitet fast ausschließlich deskriptiv und unterscheidet typenmäßig nur zwischen dem zweirädrigen und dem vierrädrigen Landfahrzeug[26], während HAUDRICOURT noch die verschiedenartigen Anspannungsvorrichtungen als weitere Einteilungskriterien hinzunimmt und so zu drei Sachgruppen gelangt[27]. Insgesamt verlagert HAUDRICOURT die Fragestellungen in einen mehr technischen und funktionalen Bereich, so daß Herstellungsarten und Gebrauchsweisen der Landfahrzeuge mit ihren regionalen Differenzierungen im Mittelpunkt seiner Betrachtungen stehen. Damit rückt er nahe an die arbeitswissenschaftliche Thematik heran. Die mit dieser Methode gewonnenen Ergebnisse werden untereinander und besonders mit der Verbreitung des Pfluges in Zusammenhang gestellt. Diese Beiträge können allerdings nur einen allgemeinen und kurzen Überblick geben und müssen fast ausschließlich auf die Hinzunahme von sachtypologischen und entwicklungsgeschichtlichen Einzelheiten verzichten.

Im Rahmen dieser übergreifenden Darstellungen nehmen die Beschreibungen der Landwirtschaft[28], die Anleitungen zur Landwirtschaft[29] und die Fachkunden des Wagenbaues[30] eine Sonderstellung ein. In diesen Arbeiten werden die Landfahrzeuge in einer sehr unterschiedlichen regionalen wie historischen Breite behandelt[31]. Die Bedeutung dieser Darstellungen besteht im wesentlichen in einer informativen Sachbeschreibung, in deren Mittelpunkt die Erörterung der günstigsten Nutzungsweisen steht. Der zeitliche Schwerpunkt dieser Publikationen liegt im vorigen Jahrhundert.

Der wesentlichste Anteil der ethnologisch-rezenten Sachforschung an der Thematik des Landfahrzeuges besteht in den regional begrenzten Darstellungen. Innerhalb dieser Arbeiten sind die Ausführungen hinsichtlich der Landfahrzeuge erwartungsgemäß sehr unterschiedlich und gehen vom Einzelhinweis bis zur umfassenden regionalen Behandlung. Die wichtigsten Beiträge werden in ihrem räumlichen Gültigkeitsbereich von den Karten 2 und 3 wiedergegeben. Aus dieser geographischen Übersicht geht hervor, daß Sachinformationen in einer zufriedenstellenden Dichte zu erreichen sind, wobei das romanische Gebiet einen relativ engmaschigen Bearbeitungsstand zeigt. Dieser Schwerpunkt ist besonders den intensiven Bemühungen und Anregungen von KRÜGER zu danken, der selbst drei wichtige Gebiete behandelt hat[32], während der überwiegende Teil der weiteren romanischen Arbeiten aus seinem Schülerkreis stammt. Diese Darstellungen zeichnen sich besonders dadurch aus, daß sie in ausführlicher Weise die Sachgegenstände wie auch deren sprachliche Benennungen erfassen. Der osteuropäische und vorderasiatische Raum ist nur sehr allgemein und in wenigen Beiträgen behandelt worden. Bei der Darstellung der ethnologisch-rezenten Sachschicht werden diese Verhältnisse des Bearbeitungsstandes ständig zu berücksichtigen sein.

Innerhalb dieses ethnologisch-rezenten Bereiches ist die Sachaufnahme zeitlich weitgehend homogen, denn die überwiegende Mehrheit dieser Arbeiten entstand in den Jahren zwischen 1900 und 1935, so daß sachtypische Unterschiede in der Regel nicht durch zeitliche Differenzen bedingt sein können.

Eine Sondergruppe innerhalb der ethnologisch-rezenten Sachforschung stellen die Beiträge dar, in denen die Thematik des Landfahrzeuges von einem arbeitswissenschaftlichen Standpunkt aus betrachtet wird: zum Beispiel MÜLLER (1787), SCHIFFMANN (1910), OUDEMANS (1926), BALKENHOLL (1927) und (1929), DROEMER (1929), KESSLER (1952)[33]. Im Vordergrund dieser Behandlungen stehen die verschiedenartigen Korrelationen zwischen Bautyp und Nutzungsweise. Jedoch geben sie damit eine sehr genaue Beschreibung der vorhandenen Fahrzeugtypen. In Hinsicht auf ihren Gültigkeitsbereich gehören sie zu den regional begrenzten Darstellungen.

In den Bereich der ethnologisch-rezenten Sachforschung gehört noch eine Reihe von Arbeiten, die sich mit einzelnen Fahrzeugtypen befassen und sie in ihrer begrenzten regionalen Gebundenheit darstellen; zum Beispiel der Prunkwagen: LAPORT (1925), KREISEL (1927) und der Brautwagen: GÜTHLEIN (1934).

1.6.2. Implizite Sachforschung

Unter dem Gesichtspunkt der impliziten Sachforschung werden in diesem Zusammenhang die wichtigsten Themengruppen aufgeführt, die sich auf Grund ihrer andersartigen Fragestellungen nur peripher mit der Behandlung des Landfahrzeuges befassen:

(1) innerhalb der Arbeiten über allgemeine technologische Fragestellungen;
(2) innerhalb der Arbeiten über die verschiedenen Zugtiere, wobei für die Sachdarstellung des Landfahrzeuges besonders das Pferd von Interesse ist;
(3) innerhalb der Arbeiten über die verschiedenartigen Anspannungsvorrichtungen;
(4) innerhalb der Arbeiten über das bäuerliche Geräteinventar, wobei für die Sachbehandlung des Landfahrzeuges besonders der Pflug, der Schlitten und die Schleife von Interesse ist;
(5) innerhalb der Arbeiten über konstruktive Einzelheiten des Landfahrzeuges;
(6) innerhalb der Arbeiten über allgemeine Verkehrsprobleme, wobei für die Sachdarstellung des Landfahrzeuges besonders die Fragen über Straßenbau und Straßennetzt von Interesse sind.

Diese Themengruppen leisten trotz ihres randhaften Bezuges zum

Landfahrzeug dennoch wichtige Beiträge für den Gesamtzusammenhang.

Die technologische Literatur berücksichtigt das Landfahrzeug als komplexes technisches Gerät und betrachtet vor allem die damit verbundenen konstruktiven Probleme, die zumeist im Zusammenhang mit einer optimalen Nutzungsmöglichkeit stehen. Der zeitliche Schwerpunkt dieser enzyklopädischen Technikgeschichten liegt im vorigen Jahrhundert. Die folgenden Arbeiten verdeutlichen selbst in ihrer knappen Auswahl die Aspektbreite dieser technologischen Literatur:

MÜLLER (1787)	RÜHLMANN (1877)
HAUCHEKRONE (1816)	FORESTIER (1900)
BUSCH (1822)	MACH (1915)
LABARTE (1864-65)	KOEBKE (1953)
REULEAUX (1875)	MITZSCHKE (1958)

Eine Reihe von sachlichen Berührungspunkten mit dem Landfahrzeug weisen die kulturhistorischen Darstellungen über die Zugtiere auf, wobei das Pferd in diesem Zusammenhang eine besondere Stellung einnimmt, da seine Domestikation und Züchtung völlig veränderte Verkehrsvoraussetzungen schuf. Der revolutionierende Umbruch der gesamten Verkehrstechnik ergab sich aus der größeren Geschwindigkeit, die durch das Pferd erreicht wurde und zu einer beträchtlichen Erweiterung des menschlichen Aktionsbereiches führte. Diese Veränderungen blieben nicht ohne Auswirkungen auf die konstruktiven Anforderungen an das Landfahrzeug und führten in dieser Weise zu einem korrelativen Verhältnis zwischen Pferd und Fahrzeug.

Die umfassendste kulturhistorische Darstellung des Pferdes hat HANČAR (1956) vorgelegt. Neben dieser Monographie behandeln die folgenden Beiträge speziell die Korrelation von Pferd und Landfahrzeug in verschiedenen räumlichen und zeitlichen Abschnitten:

LECHLER (1933)	CHILDE (1941)
POPPLOW (1934)	DEWALL (1964)
HERMES (1935-36) (1936)	

Da die bildliche Darstellung des Pferdes häufig auch das zugehörige Fahrzeug umfaßt, können hippologische Arbeiten wie zum Beispiel von SCHLIEBEN (1867) und SCHOENBECK (1912) in diesem Zusammenhang wertvolles Quellenmaterial hinzufügen.

In einem engen und bedingenden Zusammenhang mit der technischen Entwicklung des Landfahrzeuges stehen die verschiedenartigen Anspannungsvorrichtungen, die zeitlich und räumlich umfassend in der Monographie von LEFEBVRE des

NOËTTES (1931) dargestellt werden. Unter anderen Aspekten wird diese Thematik zum Beispiel von den folgenden Arbeiten behandelt:

ZÜRN (1897)	HAUDRICOURT (1936)
ACHENBACH (1921)	JACOBEIT (1954)
HILZHEIMER (1931)	DRAWER (1959)

Eine Reihe von Beiträgen befaßt sich mit speziellen Einzelheiten der Anspannungsvorrichtungen, so behandelte zum Beispiel JACOBEIT (1948), (1950) das Joch und FREUDENBERG (1960) Ortscheid und Waage.

Das Landfahrzeug als wichtiges Transport- und Verkehrsmittel erscheint auch in Arbeiten über das bäuerliche Geräteinventar. Die folgenden Beiträge stellen eine knappe Auswahl aus dieser Themengruppe dar:

THAER (1803-06)	NIEKERKEN (1935)
HAMM (1845)	SCHEUERMEIER (1943) (1956)
BRAUNGART (1881)	KOTHE (1953a)
BOMANN (1929)	

Für das Landfahrzeug ergeben sich aus diesem Gerätebestand besonders enge Verbindungen zu dem Pflug, dem Schlitten und der Schleife.

Die annähernd gleiche altweltliche Verbreitung von Landfahrzeug und Pflug legt eine Gesamtbetrachtung dieser beiden Geräte nahe, wobei besonders der Räderpflug Ansätze zu einem chronologischen und konstruktiven Vergleich mit bestimmten Fahrzeugtypen bietet. Die umfangreiche Literatur zu diesem Problemkreis findet bei LESER (1931) und WERTH (1954) eine gültige und kritische Zusammenfassung.

Aus dem bäuerlichen Geräteinventar sind vor allem die verschiedenen Schlitten- und Schleifentypen in einen genetischen Zusammenhang mit der Entstehung und Entwicklung des Landfahrzeuges zu sehen. Mit dieser Thematik des Schlittens befassen sich zum Beispiel die Arbeiten von LESER (1927) und FOX (1931), während der Problemkreis der Schleifen zum Beispiel von KOTHE (1953) behandelt wurde.

Die Arbeiten zu konstruktiven Einzelheiten des Landfahrzeuges zeigen eine große thematische Breite. Ihr Beitrag zu einer Sachdarstellung der Landfahrzeuge ist von einem sehr unterschiedlichen Aufschlußwert, so daß stellvertretend für diese Themengruppe nur die folgenden Arbeiten genannt werden:

Bremse : STROH (1931)

FERNÁNDEZ (1938)
Federung : SMOLIAN (1962)
Erntegatter : MARTIN (1938)

Aus dem Themenbereich über allgemeine Verkehrsprobleme ergeben sich sachbedingte Berührungspunkte, die besonders bei Fragen nach der funktionalen Relevanz der Landfahrzeuge von ausschlaggebender Bedeutung sind. So ergeben sich zum Beispiel aus der Arbeit von ASHBY (1932)über die Kontinuität im Bereich des römischen Straßennetzes auch Anhaltspunkte für den regionalen Entwicklungsverlauf der Landfahrzeuge, während der Beitrag von BULLE (1948) unmittelbare Rückschlüsse auf konstruktive Details der Landfahrzeuge zuläßt.

Diese knappe Übersicht über den Bearbeitungsstand, die nur eine sehr begrenzte Literaturauswahl berücksichtigen konnte, zeigt die thematische Breite der Arbeiten und die Vielfalt der Aspekte, in die sich die Behandlung des Landfahrzeuges aufgegliedert hat sowie die verschiedenartigen Problemkreise, die randhaft diese Thematik einbeziehen und somit in mittelbarer oder unmittelbarer Weise zu einer Darstellung ihres Entwicklungsablaufs beitragen.

2. Entstehung und Entwicklung

Die Problematik, die mit der Entstehung des Landfahrzeuges verbunden ist, kann grundsätzlich von zwei Untersuchungsmethoden behandelt werden:

(1) Evolutionistisch-spekulative Untersuchungsmethode

Diese Betrachtungsweise geht von dem bereits fertig entwickelten Gerät aus und versucht lediglich eine Herleitung des Rades, als dessen Ursprung im allgemeinen ein Modell angenommen wird. Hierfür bestehen im wesentlichen zwei Theorien:

(11) Die Entstehung des Rades wird aus Spinnwirteln hergeleitet, die mit einer Achse oder Spindel verbunden wurden. Diese von einem spielzeugähnlichen Modell ausgehende Ansicht ist zuerst von HAHN (1895) vertreten worden. Dieser Theorie haben sich angeschlossen: FORESTIER (1900); WEULE (1912), 71; WAHLE (1929), 231-232; WERTH (1954), 302-309; u.a.

(12) Die Entstehung des Rades wird aus der drehbaren Sonnenscheibe hergeleitet, die in einer Quergabel aufgehängt ist. Aus diesem Kultgerät hat sich dann der zwei- und vierrädrige Wagen entwickelt. Zu dieser Auffassung gelangte FORRER (1932) an Hand seines umfangreichen Materials über den prähistorischen Kultwagen.

Der wenig fundierte, rein spekulative Charakter dieser Theorien ist offensichtlich[34]. So bleibt zum Beispiel die Frage nach der Verbindungsart von Rad und Gestell zumeist unberührt[35], wie auch der Übergang vom Modell zum eigentlich gebrauchten Gerät unbeachtet gelassen wird[36].

Bei der Entscheidung über das Entstehungsgebiet des Landfahrzeuges ist diese Untersuchungsmethode auf die frühesten Erscheinungsformen des entwickelten Gerätes angewiesen und damit ist die Annahme des mesopotamischen Gebietes als Ursprungsraum zumeist unumgänglich.

(2) Sachtypologisch-kartographische Untersuchungsmethode

Diese Untersuchungsmethode geht im wesentlichen von den einzelnen Konstruktionselementen aus, die hinsichtlich ihrer sachtypologischen Herleitungsmöglichkeiten betrachtet werden; hierfür sind im wesentlichen zwei Ansatzpunkte entwickelt worden:

(21) Die Entstehung der Gestellkonstruktion wird aus regionalen Schlitten- oder Schleifentypen hergeleitet.

(22) Die Entstehung des Rades wird aus der Rolle oder Walze hergeleitet.

Beide theoretischen Herleitungen sind auf das engste miteinander verbunden; zuerst wurden diese sachtypologischen Verbindungen von GINZROT (1817) Bd. 1, 1-21 vertreten. Mit geringfügigen Änderungen wurden diese Ansätze zum Beispiel übernommen von: KNORRING (1833); SCHLIEBEN (1867); REULEAUX (1875); RÜHLMANN (1877); TYLOR (1881a); HADDON (1908); MACH (1915); MÖTEFINDT (1918), der als erster Prähistoriker zu diesem Themenkreis Stellung nimmt; LOEWENTHAL (1918); GRAEBNER (1923); LANG (1930); HORWITZ (1933); u. a.

Die Anwendung dieser sachtypologischen Methode auf jedes relevante Konstruktionselement muß das Gerät somit "dans le milieu technologique de l'époque"[37] stellen. Eine konsequente Durchführung dieses methodischen Ansatzes liegt bisher noch nicht vor. Ein Versuch in dieser Richtung wird von FOX (1931) und BERG (1935) für überwiegend ethnologisches Material unternommen, während HAUDRICOURT (1948) mehr von technisch-theoretischen Überlegungen zu seinem sachtypologischen Entwicklungsschema gelangt und seine Belegungen sich nur auf wenige Beispiele beschränken, so daß keine eingehende Überprüfung der vorhandenen Materialbasis möglich ist. Die sachtypologische Betrachtungsweise von HANČAR (1956), 408-451 und SMOLIAN (1964) bleibt im wesentlichen auf das archäologische Material des mesopotamischen Raumes beschränkt.

Eine Verbindung dieser methodischen Ansätze mit einer sachkartographischen Darstellungsform soll in den folgenden Ausführungen versucht werden. Dazu ist es notwendig, die gerätetechnischen Sachgegenstände, aus denen die relevanten Konstruktionsteile des Landfahrzeuges durch sachtypologische Kriterien herzuleiten sind, als Vorformen zu erfassen und näher zu bestimmen. In diesem Zusammenhang wird ein Gerät in seiner Gesamtheit oder der Teil eines Gerätes nur dann als Vorform[38] behandelt, wenn:

- das Gerät oder dessen Teil zeitlich vor dem regional frühesten Fahrzeugbeleg nachweisbar oder erschließbar ist;

- das Gerät oder dessen Teil sachtypologische Verbindungsmöglichkeiten zum Landfahrzeug zuläßt;
- das Gerät oder dessen Teil funktionale Ähnlichkeiten zum Landfahrzeug aufweist.

Bei der Untersuchung dieser Vorformen werden die folgenden Konstruktionsteile berücksichtigt, die als notwendige technische Voraussetzungen für den Entstehungsvorgang des Landfahrzeuges anzusehen sind:

- Rad und Achse
- Gestell und Aufbau
- Zugvorrichtung und Zugtier

Für diese Untersuchungsmethode, die das Gerät "als Kombination von vorausbestehenden Elementen"[39] bestimmt, wird als notwendiges Korrelat die sachkartographische Darstellungsform gefordert, die diese möglichen Vorformen in ihrer räumlichen Verbreitung erfaßt.

Neben diesen technischen Konstituenten verlangt dieses sachtypologisch-kartographische Vorgehen gleichzeitig eine Überprüfung der regional gebundenen Produktionsvoraussetzungen[40], die in diesem Zusammenhang im wesentlichen auf die folgenden Faktoren einzuschränken sind:

- sachkultureller Stand
- wirtschaftlicher Bedarf
- natürliche Umweltbedingungen

Das methodische Axiom der sachtypologisch-kartographischen Betrachtungsweise besteht darin, daß erst beim positiven Zusammentreffen der technischen Konstituenten und der Produktionsvoraussetzungen die Entstehung des Landfahrzeuges als sehr wahrscheinlich angenommen wird.

Diesem methodischen Vorgehen stehen besonders die unzureichenden Vorarbeiten[41] entgegen und wesentliche Einschränkungen, die durch Fundart, Forschungsstand und Zeitstellung bedingt sind, so daß die Ergebnisse nur den Charakter einer vorläufigen Arbeitshypothese tragen können. Jedoch sind damit zumindest Ansätze für eine Beweisführung gegeben, denn "die Tatsache, daß bisher nur wenige Funde vorliegen, sowie der Verzicht auf eine ernsthafte historische Erforschung führten dazu, daß man beispielsweise den Wagen vom Spinnwirtel oder von der Walze ableitete"[42].

Auf der Grundlage dieser sachtypologisch-kartographischen Untersuchungsmethode ergibt sich für eine Behandlung der Entstehungs- und Entwicklungsproblematik der folgende Aufbau:

2.1. Konstruktive Vorformen
2.2. Regionale Belegungsdichte
2.3. Regionale Produktionsvoraussetzungen
2.4. Sachprojektive Zusammenhänge
2.5. Graduelle Entwicklungsräume
2.6. Sachtypologisches Entwicklungsschema

Mit dieser thematischen Abfolge wird versucht, das Zusammenwirken der verschiedenartigen Komponenten zu erfassen, die an dem Entstehungsprozeß und dem frühen Entwicklungsvorgang der Landfahrzeuge beteiligt sind.

2.1. Konstruktive Vorformen

Als konstruktive Vorformen für die wesentlichsten Bauelemente des Landfahrzeuges werden die folgenden Sachgegenstände in der anschließenden Untersuchung berücksichtigt:

2.1.1. für die Radkonstruktion:

- 2.1.1.1. Spinnwirtel
- 2.1.1.2. Mühlstein
- 2.1.1.3. Töpferscheibe

2.1.2. für die Gestellkonstruktion:

- 2.1.2.1. Femerschleife
- 2.1.2.2. Jochschleife
- 2.1.2.3. Parallel-kufiger Flachschlitten
- 2.1.2.4. Gabel-kufiger Flachschlitten

2.1.3. für die Zugkonstruktion:

- 2.1.3.1. Femerstangen
- 2.1.3.2. Jochstangen
- 2.1.3.3. Zugseil und Zugstränge
- 2.1.3.4. Jochgrindel am Pflug

Diese potentiellen Vorformen stehen in einem sachtypologischen und/oder funktionalen Zusammenhang mit den entwicklungsmäßig späteren Konstruktionsteilen des Landfahrzeuges.

2.1.1. Vorformen der Radkonstruktion

Für das Rad muß die sachtypologische Untersuchung zwei ganz

verschiedenartige Erscheinungs- und Verwendungsweisen der Kreisscheibe voraussetzend unterscheiden:

- das Rad als Symbol
- das Rad als Konstruktionsteil[43]

Ein kausales Abhängigkeitsverhältnis zwischen symbolischer und konstruktiver Verwendung braucht nicht zu bestehen: das Vorhandensein des Rades als Symbol hat nicht zur notwendigen Folge, daß das Rad auch im technischen Bereich angewandt wird[44], denn "die Erfindung des technischen Rades erfordert eine ganz andere Umwelt und eine ganz andere Denkform, als sie den Schöpfern des Symboles eigen war"[45]. Auch dieser Aspekt ist bei den bisherigen Arbeiten nicht immer in genügender Weise berücksichtigt worden[46].

Die Kreisscheibe als Vorform des Rades tritt in den folgenden Erscheinungsformen auf:

(1) in symbolischer Verwendung:

- als Nachbildung der Sonnenscheibe
- als Ornament (Kreis) und Schmuckgegenstand (z.B. radförmige Nadeln)

(2) in technisch-konstruktiver Verwendung:

- als Spinnwirtel
- als Mühlstein
- als Töpferscheibe

Um von diesen Vorformen zu einer technischen Anwendung der Kreisscheibe als Rad zu gelangen, war noch die Erfahrung und Erkenntnis der endlosen Drehbewegung notwendig, die "in der Natur kein Vorbild"[47] hat. Ein mögliches Muster ist vielleicht in der Drehbewegung des Bohrers zu sehen, wobei allerdings noch keine feste Lagerung auftritt[48]. Jedoch ist dieser Komponente bei der Konstruktion des Landfahrzeuges keine relevante Bedeutung beizumessen, denn "in der Geschichte der Kultur tritt der Wagen aber so spät auf, daß man diesbezügliche Schwierigkeiten bei seiner Entstehung nicht anzunehmen braucht"[49].

Die sachtypologisch-kartographische Untersuchung kann sich somit auf die folgenden Geräte als mögliche Vorformen für die Radkonstruktion beschränken:

2.1.1.1. Spinnwirtel
2.1.1.2. Mühlstein
2.1.1.3. Töpferscheibe

Die symbolische Verwendungsweise der Kreisscheibe ist wegen ihres ungesicherten Überganges in den technischen Bereich außer Acht zu lassen.

2.1.1.1. Spinnwirtel

Der Spinnwirtel ist im gesamten altweltlichen Verbreitungsgebiet des Landfahrzeuges zu finden[50]. Eine Ausnahme macht lediglich der skandinavische Norden, wo er erst im Ausgang der Bronzezeit nachzuweisen ist. Seine Zeitstellung und sachgeographische Verbreitung erlaubt es, den Spinnwirtel im gesamten altweltlichen Verbreitungsgebiet mit Ausnahme Skandinaviens als eine mögliche Vorform der Radkonstruktion anzusehen[51].

2.1.1.2. Mühlstein

Von den verschiedensten Mühlenarten kann in diesem Zusammenhang nur der Mühlstein bei Drehmühlen (meist Handmühlen) als mögliche Vorform der Radkonstruktion herangezogen werden, da bei diesem Typ eine Kreisscheibe mit zentraler Durchbohrung verwendet wird. Diese Form des Mühlsteines ist im südlichen Teil des altweltlichen Gebietes verbreitet[52]. Fundbelege stammen aus: China, Mittelasien[53], Indien, Vorderasien[54], Ägypten, Griechenland, Italien[55] und dem gallisch-keltischen Gebiet[56]. Im nördlichen Europa ist diese Mühlsteinform erst durch Funde in der späteren Latènezeit nachzuweisen, denn hier war die Reibmühle vorherrschend[57] und wurde erst durch gallo-römischen Einfluß abgelöst[58]. Jedoch zeigen auch die Belege aus Palästina-Syrien eine so späte Zeitstellung (Ende des 2. Jts. v. Chr. [59]), daß sie kaum noch als Vorform der Radkonstruktion gelten können. Wenn auch in diesem Gebiet mit einem höheren Alter gerechnet werden kann, so ist aus dem zeitlichen Nachweis dennoch eher auf eine Beeinflussung in umgekehrter Richtung zu schließen.

2.1.1.3. Töpferscheibe

Die Töpferscheibe stellt den entscheidensten Fortschritt in der keramischen Herstellungstechnik dar. Sie ist bereits in dem Zeitraum von 3250 bis 3000 v. Chr. in Mesopotamien und um 3000 v. Chr. in Ägypten[60] nachzuweisen und gelangt von hier nach Europa: sie ist in Griechenland im 2. Jt. v. Chr. und in Italien im 1. Jt. v. Chr. anzutreffen[61]. Das europäische Gebiet nördlich der Alpen erreicht sie erst in der Latènezeit[62]. Das Vorhandensein der Töpferscheibe für den indischen und mittelasiatischen Raum wird durch die scheibengefertigte Keramik von Rana Ghundai II (um 3000 v. Chr.)[63] und Anau II-III[64] belegt. Die zeitliche Nähe der Töpferscheibe (3250-3000 v. Chr.) zu den ältesten Fahrzeugbelegen (3000-2800 v. Chr.) im mesopotamischen Raum ist besonders auffällig[65], so daß sie dadurch zu einem bedeutenden Faktor innerhalb der möglichen Vorformen der Radkonstruktion wird.

Die sachtypologisch-kartographische Darstellung zeigt, daß alle in Frage kommenden Vorformen der Radkonstruktion nur im mesopotamischen Raum und in Ägypten belegt sind, und zwar in diesen Gebieten stets mit einer sehr hohen Zeitstellung. Aus dieser Tatsache ist zu folgern, daß der Übergang von einer Kreisscheibe zum technisch genutzten Rad in diesem geographischen Bereich zu suchen ist, wobei die Töpferscheibe eine sehr bedeutende Position innehat[66].

Durch diese sachtypologisch-kartographische Untersuchung erweisen sich als mögliche und durch ihre regionale Verteilung als gleichberechtigte Vorformen für die Radkonstruktion des Landfahrzeuges:

(1) der Spinnwirtel;
(2) die Töpferscheibe.

Auf Grund seiner Zeitstellung kommt der Mühlstein als mögliche Vorform offensichtlich nicht in Betracht.

2.1.2. Vorformen der Gestellkonstruktion

Die sachtypologische Untersuchung über die möglichen Vorformen der Gestellkonstruktion und ihres Aufbaus sieht sich einer materialbedingten Schwierigkeit gegenübergestellt: die dem Landfahrzeug entwicklungsgeschichtlich vorausgehenden Transportmittel bestanden fast völlig aus Holz und sind dadurch nur in besonders günstigen Fällen (Moorfunde, Bilddarstellungen) nachweisbar. Aus dieser Tatsache folgt, daß die Aussagen im wesentlichen nur durch Rückschlüsse möglich sind[67], die sich ergeben aus:

- dem kombinierten Auftreten bestimmter Geräte;
- der sachkulturellen und technischen Gesamtsituation;
- der heutigen Verbreitung einfacher Transportmittel.

Es erübrigt sich, darauf hinzuweisen, daß die sachtypologischen Ergebnisse, die aus einer solchen Materialgrundlage hergeleitet werden, einen sehr hypothetischen Charakter tragen.

Den Ausgangspunkt dieser sachtypologischen Untersuchungen über die möglichen Vorformen der Gestellkonstruktion bilden:

(1) Schleife: punktuelle Verteilung des Lastdruckes auf relativ kleiner Gleitfläche; Trag- und Zugvorrichtung fällt konstruktiv zusammen;
(2) Schlitten: gleichmäßige Verteilung des Lastdruckes auf relativ großer Gleitfläche; Trag- und Zugvorrichtung ist konstruktiv getrennt[68].

Bei diesen möglichen Vorformen handelt es sich einerseits um die einfachsten Transportgeräte[69] und andererseits um Konstruktionsformen, die sachtypologische Verbindungen zu den Gestellarten der frühesten Landfahrzeuge zulassen[70]. Die Beurteilung eines genetischen Abhängigkeitsverhältnisses ist durch die Betrachtungsperspektive bedingt: vom sachtypologischen Standpunkt sind durchaus Verbindungsmöglichkeiten gegeben[71], während eine gebrauchstechnische Analyse keine Zusammenhänge anerkennen kann[72]. Für die weitere Untersuchung sind die folgenden Formtypen zu unterscheiden:

(1) Schleife:

(11) Femerschleife: zwei parallellaufende Zugstangen, die zu beiden Seiten des Zugtieres befestigt sind (wie die Femerstangen bei der Gabeldeichsel des Fahrzeuges); der hintere Teil ist durch Querhölzer verbunden und trägt häufig einen Korb oder Kasten[73];
(12) Jochschleife: zwei gabelförmig zusammenlaufende Zugstangen, die in paarweiser Anspannung (ausschließlich mit Doppeljoch und Rind) gezogen werden; der weitere Aufbau erfolgt wie bei der Femerschleife[74].

(2) Schlitten:

(21) parallel-kufiger Flachschlitten: zwei parallellaufende Kufen sind durch Querhölzer verbunden und häufig mit einem kasten- oder korbförmigen Aufbau versehen[75];
(22) gabel-kufiger Flachschlitten: zwei gabelförmig zusammenlaufende Kufen, die meist aus einer Baumgabel bestehen; der weitere Aufbau wie bei dem parallel-kufigen Flachschlitten[76].

Bei diesen Sachtypen zeigen sich somit zwei Grundformen der Gestellkonstruktion: ein parallel- und ein triangulärlaufendes Konstruktionsmuster.

Die anschließende sachgeographische Darstellung hat die Verbreitung dieser einzelnen Formtypen im vorgeschichtlichen Zeitraum aufzuzeigen.

2.1.2.1. Femerschleife

Zur Verbreitung und Zeitstellung der Femerschleife steht bisher noch kein direktes archäologisches Material zur Verfügung[77]. Jedoch besteht die berechtigte Möglichkeit, daß eine genaue Überprüfung der prähistorischen Bilddarstellungen noch Aufschlüsse erbringen kann. Der Forschungsstand bedingt somit, daß nur die heutige Verbreitung einen Ansatzpunkt für eine sachgeographische Darstellung bieten kann.

Die Femerschleife gehört ausschließlich dem nördlichen Teil des altweltlichen Verbreitungsgebietes an. Belege kommen aus den folgenden Gebieten[78]: Irland, Wales, Schottland, Norwegen, Schweden, Finnland, Estland, Lettland, europäisches Rußland (Karelien, Nordrußland, im Gebiet der Syrjanen, Weiß- und Großrußland, Ukraine, im Gebiet der Kasachen), Sibirien (im Gebiet der Samojeden, Kirgisen, Ostjaken, im Amurgebiet), China (in der Provinz Sin-kiang, Sze-tsch-wan, Hu-pei, im Jangtse-delta), Thailand und Philippinen.

Im Zusammenhang mit der Femerschleife stehen als sekundäre Bildungen[79]:

(1) Kufenstangenschleife: Nordnorwegen, Nordschweden, nördliches Großrußland, nordsibirisches Gebiet, Weißrußland;
(2) Schlittenschleife: Norwegen, Schweden, Harzgebiet, Alpenländer, Ungarn, Siebenbürgen;
(3) Räderschleife: Schweiz, Tirol, Norditalien, Rumänien.

Das Alter der Femerschleife ist nur auf indirektem Wege zu erschließen, denn aus der einfachen Form dieses Gerätes ergeben sich keine zwingenden Aussagen über seine Zeitstellung, wenn auch zu vermuten bleibt, daß es sich tatsächlich um ein sehr altes Transportgerät handelt. Für eine Zeitbestimmung der Femerschleife ist ihre Verbindung mit einem geeigneten Zugtier von entscheidender Bedeutung.

BERG[80] sieht die Femerschleife im Zusammenhang mit der Verbreitung des Hauspferdes und gelangt somit zu einer spätneolithischen Datierung (3. Jt. v. Chr.). In einer ähnlichen Weise versucht auch KOTHE[81] eine zeitliche Festlegung, indem er von der Voraussetzung ausgeht, daß die Femerschleife in ihrem "Verbreitungsgebiet ein wichtiges Landtransportmittel v o r Einführung des Karrens"[82] darstellt und in enger Verbindung mit der Domestikation des Pferdes steht. Aus dieser Kombination schließt KOTHE, "daß die Femerschleife schon im Spät- oder Äneolithikum nördlich der großen Gebirgsketten vorhanden war"[83]. Als Ursprungsgebiet wird die pontische Steppe in den Bereich der Erwägungen gezogen[84]. Jedoch bleibt der hypothetische Charakter dieser Ergebnisse - auch für KOTHE selbst - offensichtlich.

Indem HANČAR "die Vorzeitigkeit des Reitrens vor dem Reitpferd"[85] feststellt, gelangt er auch zu einer wesentlich höheren Zeitbestimmung der Femerschleife:"fast zwei Jahrtausende Transportentwicklung der Nord- und Südwelt mit dem 'gezähmten' Ren unter Saumlast und in der Stangenschleife bzw. mit dem Hausrind paarig an der Jochschleife vergingen bis zum Pferdezuchtbeginn in der Waldsteppe ..."[86]. Aus dieser Bindung der Femerschleife an das Ren kommt HANČAR zu einer Datierung in das 5. Jt. v. Chr.[87]. Eine Stützung dieses extrem hohen Zeitansatzes geht "aus der Urtümlichkeit ihrer Form in heutigen Reliktkulturen, aus ihrer heutigen Stellung im kultischen und profanen Transportwesen sowie aus ihrer geschlossenen Verbreitung über Nordeurasien hervor"[88]. Das Entstehungsgebiet der Femerschleife ist demnach in den südsibirischen Gebieten zu vermuten. Aber auch dieser Datierungsversuch zeigt deutlich seinen hypothetischen Charakter.

Da für eine zeitliche Festlegung der Jochschleife in dem archäologischen Fundmaterial mögliche Ansatzpunkte noch zu erarbeiten sind, ergibt sich vielleicht daraus dann eine zwingendere Grundlage für die Zeitbestimmung der Femerschleife.

2.1.2.2. Jochschleife

Das archäologische Fundmaterial zur Jochschleife besteht bisher nur aus drei Darstellungen in einem ligurischen Felsbild (Val Fontanalba)[89], die erst von KOTHE (1953) in dieser Weise gedeutet wurden. Dieser Beleg ermöglicht eine Datierung der Jochschleife in das frühe 2. Jt. v. Chr.[90], und somit in einen Zeitraum, in dem das Landfahrzeug bereits im europäischen Gebiet verbreitet war[91]. Diese zeitlichen Umstände machen ein höheres Alter der Jochschleife sehr wahrscheinlich, "so müßte sie vor der Bronzezeit vorhanden sein, also etwa in jener Epoche des Neolithikums, in der das Kupfer bekannt wird"[92]. Eine Erweiterung des archäologischen Materials ist vielleicht durch eingehende Untersuchungen der Jochfunde möglich, da das Doppeljoch die ausschließliche Anspannungsform der Jochschleife darstellt[93].

Da dieser einzige Fundbeleg keine sachkartographische Darstellung der Jochschleife zuläßt, ist es wie bei der Femerschleife notwendig, das heutige Verbreitungsgebiet zu erfassen, um dann den Versuch eines Rückschlusses durchzuführen.

Die Jochschleife ist heute vor allem in dem südlichen Teil des altweltlichen Wagengebietes anzutreffen[94]: in Italien, Jugoslawien, Rumänien, im Krimgebiet und in Indien.

Eine indirekte Beweisführung für das hohe Alter der Jochschleife geht in gleicher Weise wie bei der Femerschleife von dem geeignesten Zugtier aus, das in diesem Falle im Hausrind zu sehen ist[95]. HANČAR datiert die Einbeziehung des Rindes als Transporttier an "der paarig geschleppten triangulären Schleife"[96] in den Zeitraum um 4500 v. Chr. Diese Entwicklung legt er in das Gebiet von Ägypten, Syrien und Mesopotamien.

Zu einem ähnlichen Ergebnis gelangt auch KOTHE, indem er die Jochschleife als das kennzeichnende Transportmittel des Furchenstockbaus ansieht[97]. Aus dem Verbreitungsraum lassen sich somit indirekte Rückschlüsse auch auf die Jochschleife übertragen. Einen möglichen Ansatzpunkt stellt die Halaf-Kultur (1. Hälfte des 4. Jts. v. Chr.) im nördlichen Vorderasien dar. Von hier breitet sich der Furchenstockbau und mit ihm unter anderen Geräten auch die Jochschleife nach Südosteuropa[98] und Vorderasien aus. Als ein europäisches Ausbreitungszentrum ist der Balkan[99] anzusehen, dessen Einflüsse sowohl nach Italien, Spanien und Nordwestafrika als auch nach Mitteleuropa (Polen, Dänemark, Holland, Süddeutschland) reichen. Die osteuropäische Grenze bildet in etwa der Dnejpr.

Diese indirekte Beweisführung ermöglichte die Rekonstruktion des prähistorischen Verbreitungsgebietes der Jochschleife[100], das somit den von der Femerschleife freibleibenden südlichen Teil des altweltlichen Verbreitungsgebietes einnimmt. Werden diese Ergebnisse als richtig angesehen, so stellt sich die gegenwärtige Verbreitung der Jochschleife als Reliktgebiet dar, die nicht über den erschlossenen vorgeschichtlichen Raum hinausgeht, so daß sie zu dessen Stützung heranzuziehen ist. In gleicher Weise lassen sich somit auch Anhaltspunkte für eine Datierung der Femerschleife gewinnen, die zum etwa zeitgleichen Transportgerät im nördlichen Teil des altweltlichen Verbreitungsgebietes wird. Beide Schleifentypen sind durch ihre Zeitstellung als mögliche und gleichberechtigte Vorformen für die Gestellkonstruktion des Landfahrzeuges zu betrachten.

2.1.2.3. Parallel-kufiger Flachschlitten

Der parallel-kufige Flachschlitten ist durch archäologisches Fundmaterial gut zu belegen, so daß sein prähistorisches Verbreitungsgebiet[101] deutlich zu erkennen ist:

(1) Schweden, Finnland, Nordrußland: Moorfunde[102]; in den mei-

sten Fällen handelt es sich bei diesen Fundstücken allerdings schon um den entwickelteren Ständerschlitten, so daß in diesem Gebiet der Flachschlitten etwa in das 3. bis 4. Jt. v. Chr. datiert werden kann.

(2) Frankreich: Knochenritzung[103]; Spätmagdalénien.

(3) Spanien, Ligurien: Felszeichnungen[104]; Kupfer- und Bronzezeit.

(4) Ukraine[105]: Modelle von Gorodnica-Gorodišče (Tripolje A, 3000-2700 v. Chr.) und Nezviška (Tripolje B, 2700-2000 v. Chr.); beide Flachschlitten tragen einen korbartigen Aufbau.

(5) Mesopotamien[106]: sumerische Bilderschriftzeichen (Uruk IV, 3000-2800 v. Chr.) und Grabfunde aus Ur (um 2500 v. Chr.); aus der sumerisch-akkadischen Zeit sind keine weiteren Schlittendarstellungen überliefert, erst aus dem frühen 1. Jt. (705-681 v. Chr.) v. Chr. stammen die Darstellung eines Schlittentransportes[107].

(6) Ägypten[108]: im Gegensatz zum mesopotamischen Gebiet wird in Ägypten der Flachschlitten sehr häufig dargestellt und ist für das 3. Jt. v. Chr. sicher zu belegen; allerdings scheint die Annahme gerechtfertigt, daß er hier auch in dem vorausgehenden Jahrtausend schon benutzt wurde.
Weitere Belege im asiatischen Raum scheinen zu fehlen. Aus dem Fundmaterial läßt sich nicht erschließen, ob die Annahme eines geschlossenen Verbreitungsgebietes gerechtfertigt ist.

Diese vorgeschichtliche Verteilung des parallel-kufigen Flachschlittens läßt erkennen, daß er als Transportgerät nicht allein an die schneereichen nördlichen Gebiete gebunden ist, sondern als "Sommerschlitten"[109] auch in dem südlichen Teil des altweltlichen Verbreitungsgebietes benutzt wurde. Sein gegenwärtiges Vorkommen umfaßt etwa den Raum seiner vorgeschichtlichen Verbreitung[110].

Dieses vorgeschichtliche Verbreitungsgebiet und die hohe Zeitstellung machen deutlich, daß der parallel-kufige Flachschlitten als eine mögliche Vorform für die Gestellkonstruktion des Landfahrzeuges anzusehen ist.

2.1.2.4. Gabel-kufiger Flachschlitten

Für den gabel-kufigen Flachschlitten scheinen prähistorische Belege zu fehlen, obgleich gerade die bildlichen Darstellungen nicht immer eindeutig den Schlittentyp erkennen lassen. Das gegenwärtige Verbreitungsgebiet[111] umfaßt: Südschweden, Südnorwegen, Dänemark, England, Süd- und Ostfrankreich, Spanien und Portugal, Polen, Assam.

Diese Verteilung kann als Reliktzone eines ehemals größeren und geschlosseneren Vorkommensgebietes gedeutet werden. Die heutigen Belege liegen im wesentlichen im Bereich des parallel-kufigen Flachschlittens und der Jochschleife, so daß hier eine sekundäre Kombination zu vermuten ist. Die Wahrscheinlichkeit, daß der gabel-kufige Flachschlitten als Vorform für die Gestellkonstruktion des Landfahrzeuges zu werten ist, scheint damit sehr gering zu sein. Wenn Einflüsse bestehen sollten, dann sind sie wohl sicher nur in kleinen Gebieten wirksam gewesen.

Durch diese sachtypologisch-kartographische Untersuchung erweisen sich als mögliche und durch ihre regional-verschiedenartige Verteilung als gleichberechtigte Vorformen für die Gestellkonstruktion des Landfahrzeuges:

(1) mit großer Wahrscheinlichkeit:

- Femerschleife
- Jochschleife
- parallel-kufiger Flachschlitten

(2) mit geringer Wahrscheinlichkeit:

- gabel-kufiger Flachschlitten.

2.1.3. Vorformen der Zugkonstruktion

Die sachtypologische Darstellung möglicher Vorformen der Zugvorrichtung zeigt deutlich, daß deren Konstruktion im wesentlichen von zwei Komponenten abhängig ist:

- von der Art der Gestellkonstruktion;
- von der Art des Zugtieres.

Unter Berücksichtigung dieser Zusammenhänge wird die sachtypologisch-kartographische Untersuchung durchgeführt.

2.1.3.1. Femerstangen

Die Femerschleife benötigt keine besondere Zugkonstruktion, da die seitlichen Stangen gleichzeitig die Trag- und Zugvorrichtung bilden. Dieser Schleifentyp ist auf das engste mit dem Ren und Pferd verbunden, die dann eine doppelte Funktion als Schlepp- und Reittier erfüllen[112].

2.1.3.2. Jochstangen

Gegenüber der Femerschleife benötigt die Jochschleife auf Grund ihrer Bauweise eine besondere Zugvorrichtung und eine paarige Anspannung der Zugtiere. Diese Anspannungsart wird durch die gabelförmig zusammenlaufende Konstruktion bedingt und erfordert somit:

(1) zwei Zugtiere;
(2) eine besondere Verbindung zwischen Zugtieren und Zugstangen, die ausschließlich durch das Doppeljoch ermöglicht wird und in seiner speziellen Eigenart nur für das Rind konstruiert ist, so daß an der Jochschleife ausschließlich das Rind als Zugtier verwendet werden kann[113].

Somit bilden Jochschleife, Doppeljoch und Rind eine gebrauchstechnische Einheit, die durch die wechselseitigen Bedingungsverhältnisse dieser Gerätekombination entsteht.

Die archäologischen Belege zeigen das folgende Verbreitungsgebiet[114] des Joches und seine Zeitstellung:

(1) direkte Jochfunde:

- Vinelz, Bielersee[115]; nicht über 2000 v. Chr. datierbar;
- Tri-Brata Kurgan 9[116]; 1200-700 v. Chr.
- Kisch, Mesopotamien[117]; um 2600 v. Chr.

(2) indirekte Jochbelege[118]:

- Walle, Aurich (Pflug); frühe Bronzezeit;
- Hvorslev, Donneruplund, Nörre Smedeby, Tömmerby, Aubjaerg Mose, Dänemark (Pflüge); späte Bronze- und frühe Eisenzeit;
- Schweden (Felsbilder); späte Bronze- und frühe Eisenzeit;
- Val Fontanalba, Ligurien (Felsbilder); späte Bronze- und frühe Eisenzeit;
- südrussisches Steppengebiet (literar-historische Überlieferung, Herodot); um 1500 v. Chr.;
- Vounous-Bellapais, Cypern (Pflug); 2300-1900 v. Chr.;
- China (Schriftzeichen); spätes 2. und 1. Jt. v. Chr.[119];
- Indien (Rind); spätes 3. Jt. v. Chr.[120];
- Mesopotamien (Rind); 5. Jt. v. Chr.[121];
- Anatolien (Rind); 4. Jt. v. Chr.[122];

- Ägypten (Rind); 4. Jt. v. Chr.[123].

Dieses vorgeschichtliche Verbreitungsgebiet des Joches fällt erwartungsgemäß mit dem der Jochschleife zusammen, so daß sich hier noch eine nachträgliche Prüfungsmöglichkeit für die Verteilung dieses Schleifentypes bietet, und seine hohe Zeitstellung noch einmal bestätigt wird. In dieser Kombination nehmen Jochschleife, Doppeljoch und Rind auch noch in der Gegenwart den gleichen Verbreitungsraum wie in vorgeschichtlicher Zeit ein[124]. Dieses übereinstimmende Verhältnis von vorgeschichtlicher und heutiger Verbreitung ist ein stützendes Beispiel für die Berechtigung von Rückschlüssen, die aus dem gegenwärtigen Vorkommen eine ähnliche Verteilung in prähistorischer Zeit rekonstruieren.

Aus dieser geräte-technischen Kombination ist zu folgern, daß die Verbindung von Jochschleife, Doppeljoch und Rind als eine äußerst relevante Vorform für die Zugkonstruktion des Landfahrzeuges anzusehen ist.

2.1.3.3. Zugseil und Zugstränge

Die verschiedenen Typen des Flachschlittens enthalten in ihrer Konstruktion keine speziellen Bedingungen für eine besondere Art der Zugkonstruktion oder des Zugtieres. Dennoch zeigt das archäologische Material, daß für den Schlitten ausschließlich das Zugseil oder die Zugstränge als Möglichkeit der Zugkraftübertragung angewandt wurden[125]:

(1) ein Zugseil enthalten ausschließlich die ägyptischen Schlittendarstellungen; Zugtier ist das Rind im Joch[126];
(2) auf den Gebrauch von Zugsträngen scheint das Schlittenmodell von Nezviška (Dnjestr, 2700-2000 v. Chr.) hinzuweisen[127];
(3) die Bilderschriftzeichen von Uruk IV-Stufe (3000-2800 v. Chr.) zeigen zwar keine Zugkonstruktion für den Flachschlitten[128], jedoch ist im Zusammenhang mit der allgemeinen Zugseilverwendung am Schlitten dieses auch hier zu vermuten; für ihr darstellungsmäßiges Fehlen lassen sich zwei Begründungsmöglichkeiten anführen: 1. sie wurden nicht als zugehörig zum Transportgerät empfunden, sondern bildeten einen Bestandteil der Zugvorrichtung; 2. als Bildzeichen war ein gewisser Grad von Abstraktion erforderlich, der sich besonders auf die Teile richtete, die sich darstellungsmäßig nicht sehr gut erfassen ließen.

Diese prähistorischen Belege zeigen, daß auch das Zugseil und die Zugstränge als mögliche und gleichberechtigte Vorformen für die Zugkonstruktion des Landfahrzeuges anzusehen sind.

2.1.3.4. Jochgrindel am Pflug

In den Problemkreis der Zugkonstruktion ist auch die Anspannungsart des Pfluges einzubeziehen[129]. Die europäischen Fundstücke [130] zeigen, daß der Pflug ausschließlich durch den Jochgrindel gezogen wurde. Der älteste Beleg eines solchen Jochpfluges stammt aus Vounous-Bellapais, Cypern (2300-1900 v. Chr.). Auf ein wesentlich höheres Alter führen die Bilderschriftzeichen des Pfluges in Mesopotamien (Uruk IV-Zeit, 3000-2800 v. Chr.) und Ägypten (2. Dynastie um 2700 v. Chr.). Jedoch zeigt der sumerisch-altägyptische Pflug nur einen relativ kurzen Grindel, so daß er auf keinen Fall als Zugstange benutzt werden konnte. Die ägyptischen Darstellungen des 3. Jts. v. Chr. zeigen den Gebrauch des Zugstranges (wie bei dem Flachschlitten), der auch für den mesopotamischen Raum aus dem kleinen Steckzapfen an dem vorderen Grindelende zu erschließen ist. "Zugtechnisch erweisen sich somit die als ältest erfaßbaren und durch die Hieroglyphen als solche gekennzeichneten und formfixierten altorientalischen Pflüge nicht als Jochpflüge, sondern eher als Schwingpflüge, ..." [131].

Das Tonmodell eines Pfluges aus dem Industal (Harappazeit: 2500-2000 v. Chr.)[132] ist nur unter Vorbehalt in diese Reihe zu stellen, da die Deutung des Modells nicht unwidersprochen geblieben ist; jedoch fordert die weitentwickelte Anbauwirtschaft des Industales einen leistungsfähigen Pflugtyp. Die gleiche Folgerung hat auch für die mittelasiatische Steppenrandzone zu gelten, aus der ebenfalls noch keine gesicherten Pflugfunde bekannt geworden sind. Da beide Gebiete im Bereich der paarigen Jochanspannung liegen, ist die Annahme eines Zugseils sehr wahrscheinlich, obgleich eine Zugvorrichtung in der Art eines Jochgrindels nicht grundsätzlich auszuschließen ist.

Durch diese sachtypologisch-kartographische Untersuchung erweisen sich als mögliche und durch ihre regionale Verteilung als gleichberechtigte Vorformen für die Zugkonstruktion des Landfahrzeuges:

(1) die parallellaufenden Zugstangen der Femerschleife (Femerstangen);
(2) die triangulärlaufenden Zugstangen der Jochschleife mit Doppeljoch (Jochstangen);
(3) das Zugseil oder die Zugstränge am parallel-kufigen Flachschlitten.

Die Zugstange als Jochgrindel kann aus dem Bereich der möglichen Vorformen ausgeschlossen werden, da sie auf Grund ihrer Zeitstellung kaum als vorausgehendes Konstruktionselement für die Zugvorrichtung des Landfahrzeuges in Betracht kommt.

Aus diesen sachtypologisch-kartographischen Untersuchungen geht hervor, daß die folgenden konstruktiven Vorformen für den Entstehungsprozeß des Landfahrzeuges zu berücksichtigen sind:

(1) für die Radkonstruktion:

(11) Spinnwirtel
(12) Töpferscheibe

(2) für die Gestellkonstruktion:

(21) Femerschleife
(22) Jochschleife
(23) parallel-kufiger Flachschlitten

(3) für die Zugkonstruktion:

(31) Femerstangen
(32) Jochstangen
(33) Zugseil und Zugstränge

Dieses Inventar an Vorformen bildet in seiner unterschiedlichen regionalen Zusammensetzung die technische Ausgangsbasis für die Gesamtkonstruktion eines Landfahrzeuges.

2.2. Regionale Belegungsdichte

Die sachgeographische Verteilung dieser möglichen Vorformen wird in ihrer regionalen Häufigkeit von Karte 7 dargestellt. Aus dieser Zusammenfassung ist zu ersehen, daß innerhalb des gesamten altweltlichen Verbreitungsgebietes grundsätzlich die technischen Voraussetzungen für eine konstruktive Entwicklung des Landfahrzeuges vorhanden sind; lediglich der skandinavische Norden nimmt vielleicht eine Ausnahmestellung ein, da in diesem Gebiet der Spinnwirtel als notwendige Vorform für die Radkonstruktion relativ spät belegt ist. Im einzelnen ergeben sich die folgenden regionalen Häufigkeitsverhältnisse mit ihren speziellen Zusammensetzungen des Inventars:

(1) Die höchste Belegung von etwa 75% aller möglichen Vorformen verteilt sich auf zwei Gebiete:

(11) Mesopotamien
(12) Ägypten

Das Inventar beider Gebiete zeigt die gleiche Zusammensetzung: Spinnwirtel, Töpferscheibe; Jochschleife, parallel-kufiger Flachschlitten; Jochstangen, Zugseil.

(2) Eine hohe Belegung von etwa 63% aller möglichen Vorformen ergibt sich für die folgenden Gebiete:

(21) osteuropäischer Steppenraum
(22) mittelasiatischer Steppenraum
(23) Industal

Das Inventar des osteuropäischen Steppenraumes umfaßt: Spinnwirtel; Femerschleife, parallel-kufiger Flachschlitten; Femerstangen, Zugstränge, während sich das Inventar des mittelasiatischen Steppenraumes und des Industals in der folgenden Weise zusammensetzt: Spinnwirtel, Töpferscheibe; Jochschleife; Jochstangen, Zugseil.

(3) Eine mittlere Belegung von etwa 50% umfaßt die folgenden Gebiete:

(31) Westeuropa
(32) Südeuropa

Das Inventar des westeuropäischen Raumes setzt sich aus: Spinnwirtel; Jochschleife, parallel-kufiger Flachschlitten; Jochstangen zusammen, während das südeuropäische Gebiet durch: Spinnwirtel, Töpferscheibe; Jochschleife; Jochstangen repräsentiert wird.

(4) Die geringste Belegung von etwa 38% aller möglichen Vorformen zeigen die verbleibenden Räume des altweltlichen Verbreitungsgebietes, die sich auf Grund ihres unterschiedlichen Inventars in zwei Gruppen gliedern: der nördliche Bereich umfaßt Spinnwirtel, Femerschleife und Femerstangen, während sich das Inventar des südlichen Bereiches aus Spinnwirtel, Jochschleife und Jochstangen zusammensetzt.

Nach der axiomatischen Annahme der sachtypologisch-kartographischen Betrachtungsweise verfügen somit die Gebiete mit den hohen Belegungen von 75% und 63% über die günstigsten technischen Voraussetzungen für einen kombinatorischen Entstehungsvorgang des Landfahrzeuges, da hier jeweils mehrere konstruktive Vorformen für die wichtigsten Bauelemente vorhanden sind. Diese Feststellungen betreffen jedoch lediglich die technische Ausgangsbasis, die zwar eine wesentliche Grundlage darstellt, aber nicht als einziges Entscheidungskriterium für die Entstehungsfrage anzusehen ist. Um zu weiterführenden Ergebnissen zu gelangen, sind die Produktionsvoraussetzungen für diesen Entstehungsprozeß innerhalb dieser Gebiete zu überprüfen.

2.3. Regionale Produktionsvoraussetzungen

Die Erörterung der regionalen Produktionsvoraussetzungen bezieht sich in diesem Zusammenhang auf eine kurze Kennzeichnung des sachkulturellen Inventars, des wirtschaftlichen Bedarfs und der natürlichen Umweltbedingungen, da diese Faktoren neben den technischen Parametern als die wichtigsten Voraussetzungen für den konstruktiven Entwicklungsvorgang des Landfahrzeuges anzusehen sind. Die Darstellung dieser Verhältnisse beschränkt sich auf die folgenden Gebiete:

2.3.1. Mesopotamien
2.3.2. Ägypten
2.3.3. Osteuropäischer Steppenraum
2.3.4. Mittelasiatischer Steppenraum
2.3.5. Industal

da diese Räume eine hohe Belegung an konstruktiven Vorformen aufweisen und somit sehr wahrscheinlich über die günstigsten technischen Voraussetzungen verfügen.

2.3.1. Mesopotamien

Die vordynastischen Perioden des mesopotamischen Gebietes gliedern sich in die folgenden Abschnitte:

- Tell Halaf : 3500-3250 v. Chr.
- Obeid : 3250-3000 v. Chr.
- Uruk IV : 3000-2800 v. Chr.
- Jemdet Nasr : 2800-2700 v. Chr.

Die reiche Fülle des Fundmaterials und die schon im frühen 3. Jt. v. Chr. beginnende schriftliche Überlieferung bieten eine sichere Grundlage für die Erfassung der sachkulturellen und wirtschaftlichen Verhältnisse.

Das sachkulturelle Gesamtinventar, das für die Entstehung eines Landfahrzeuges notwendig vorauszusetzen ist, scheint im vollen Umfange für den mesopotamischen Raum gegeben zu sein. Beachtenswert bleibt in diesem Zusammenhang besonders die Erfindung der Töpferscheibe (Obeidzeit), mit der die endlose Drehbewegung technisch verwirklicht ist, deren Erkennung offenbar zu den wesentlichsten Voraussetzungen für die Konstruktion eines Landfahrzeuges gehört.

Ebenso wie die technischen und sachkulturellen Bedingungen ist auch der Bedarf für ein Landfahrzeug sicher zu belegen: "Die bereits für die Obeidzeit zu Eridu archäologisch erfaßbare Verdichtung der Dorfseßhaftigkeit streckte automatisch die Entfernung von Anbauland und Großdorfsiedlung und steigerte schon rein agrarisch bedingt die Transportbedürfnisse"[133]. Die weiterführende Entwicklung zur Stadt als Wirtschaftseinheit erhöhte die Notwendigkeit für ein leistungsfähiges Transportmittel.

In gleicher Weise erfüllen auch Bodenbeschaffenheit und klimatische Verhältnisse die notwendigen Voraussetzungen für eine Benutzung des Landfahrzeuges[134]. Jedoch mußte sich das fast völlige Fehlen von Erzvorkommen und der Mangel an Holz einschränkend auswirken.

Das Ergebnis der sachtypologisch-kartographischen Untersuchung und die notwendige Ergänzung durch die Produktionsvoraussetzungen läßt innerhalb des mesopotamischen Raumes die folgenden Entstehungsmöglichkeiten für das Landfahrzeug erkennen:

(1) Als Zugtiere stehen das Hausrind (Obeidzeit) und nicht ganz sicher zu bestimmende Equidenarten (Obeidzeit) zur Verfügung; jedoch ist aus der Häufigkeit bildlicher Darstellungen die weit überwiegende Verwendung des Rindes[135] zu erschließen.
(2) Als Vorform für die Gestellkonstruktion kommen der parallelkufige Flachschlitten und die Jochschleife in Betracht.
(3) Damit ist der Bereich der technischen Entwicklungsmöglichkeiten gegeben:
(31) von dem Flachschlitten ausgehend:
vierrädriges Landfahrzeug ohne Langbaumverbindung mit paariger Anspannung des Rindes am Zugseil;
(32) von der Jochschleife ausgehend:
zweirädriges Landfahrzeug mit paariger Anspannung des Rindes im Doppeljoch.

In der Art und Zusammensetzung der Vorformen sind beide Entwicklungsrichtungen grundsätzlich enthalten und für die Verwirklichung einer oder beider Möglichkeiten offen. Jedoch scheint die sachkulturelle und wirtschaftliche Gesamtsituation einen weiteren Hinweis zu bieten:"Von maßgebender Wichtigkeit für die Erfassung von Entstehung und Entwicklung des Wagens ist weiter seine genetische Bindung an eine Kultur, deren Charakter und Entwicklung bestimmendes Grundelement sowohl auf dem Niveau der Dorfgemeinschaft im 4. Jt. als auch noch auf dem Niveau des frühgeschichtlichen theokratischen Stadtstaates im frühen 3. Jt. offensichtlich der Ackerbau war"[136]. Von dieser Grundlage aus scheint die Entwicklung in Richtung auf das vierrädrige Landfahrzeug wahrscheinlicher zu sein, da es den Erfordernissen, schwere oder umfangreiche Lasten zu transportieren, besser entspricht. Diese Vermutung ist jedoch erst mit Hilfe der frühesten mesopotamischen Fahrzeugbelege zu entscheiden.

2.3.2. Ägypten

In Ägypten gelten für den sachkulturellen und wirtschaftlichen Bereich grundsätzlich ähnliche Produktionsvoraussetzungen wie für den mesopotamischen Raum. Eine eingehende Erörterung ist in diesem Falle aber nicht notwendig, da die frühesten Fahrzeugbelege (Bilddarstellung aus dem Grab des Sebeknekht, el Kab; 2350-2190 v. Chr.) so spät liegen[137], daß Ägypten als Entstehungsgebiet des Landfahrzeuges ausscheiden muß und mit großer Sicherheit eine sachkulturelle Übertragung des Landfahrzeuges aus dem Zweistromland anzunehmen ist. Obgleich also in Ägypten ähnlich günstige Verhältnisse vorlagen, hat es dennoch keine autonome Entstehung des Landfahrzeuges erreicht. Im Vergleich zu dem mesopotamischen Raum können hier lediglich die andersartigen Umweltbedingungen als mögliche Ursache angeführt werden:

(1) Der wirtschaftlich genutzte Raum konzentrierte sich ausschließlich auf die Uferzonen des Nils, in denen die Stadtsiedlungen in unmittelbarer Nähe des Flusses liegen, während sie im mesopotamischen Raum durchschnittlich einen weiteren Abstand aufweisen.
(2) Der Nil mit seiner Mündung in das Mittelmeer eröffnet den Weg zu den bedeutendsten Kulturzentren jenes Zeitraumes, während Euphrat und Tigris eine solche Verkehrsverbindung nicht zulassen[138].

Die größeren Nutzungsmöglichkeiten des Wasserweges, die Ägypten offenstanden, scheinen somit den Bedarf für ein Landtransportmittel gering gehalten zu haben[139].

2.3.3. Osteuropäischer Steppenraum

Der neolithisch-bronzezeitliche Entwicklungsabschnitt des osteuropäischen Steppenraumes wird durch die Ockergräberkultur repräsentiert, deren älteste Stufe die Altgrubenkultur (3000-2100/1800 v. Chr.) darstellt[140]. Da diese Entwicklungsschicht im überwiegenden Maße nur aus Grabfunden erfaßbar ist, stößt die Rekonstruktion der wirtschaftlichen Verhältnisse auf große Schwierigkeiten, da "die Aussagen der Grabdokumente unter dem Einfluß des Totenkultes und seines besonderen Konservatismus wesentlich beeinträchtigt werden und nur bedingt als Prämissen verwendbar sind"[141].

Der Gerätebestand der Grabfunde erweckt nicht den Eindruck, daß die Altgrubenkultur über ein umfangreiches sachkulturelles Inventar verfügte, jedoch ist eine über die Anfänge hinaus entwickelte Viehzucht sicher zu belegen. Daraus ergibt sich ein gewisser Transportbedarf innerhalb einer frühen hirtennomadischen

Wirtschaftsform, der mit Hilfe des Rindes erfüllt werden konnte, da das Pferd erst später in diesem Raum nachzuweisen ist[142]. Im Zusammenhang mit dem Rind als Zugtier ist der Rückschluß auf das Vorhandensein von Jochschleife und Doppeljoch möglich, obgleich das Gebiet in der Grenzzone von Femer- und Jochschleife liegt. Für die westlich anschließende Tripoljekultur sind parallel geführte Zugstränge als Zugvorrichtung sicher zu belegen, wie aus den Schlittenfunden und der Bemalung von Rindermodellen hervorgeht[143]. Jedoch ist darauf keine zwingende Folgerung für die Altgrubenkultur zu ziehen, da ein entsprechender Niveauvergleich auf Schwierigkeiten stößt.

Während somit die Faktoren des Bedarf und des sachkulturellen Inventars nur unvollständig zu klären sind, erfüllen Bodenbeschaffenheit und Klima die notwendigen Voraussetzungen für den Gebrauch eines Landfahrzeuges , die durch das offene Steppengebiet mit einem relativ kurzen und schneearmen Winter gegeben sind.

Aus dem Ergebnis der sachtypologisch-kartographischen Untersuchungen und der notwendigen Hinzunahme der Produktionsvoraussetzungen ergibt sich für die Entstehungsmöglichkeit des Landfahrzeuges im osteuropäischen Steppenraum die folgende Belegreihe:

(1) Das alleinige Vorkommen des Rindes als Transporttier schließt die Verwendung einer Femerschleife mit großer Wahrscheinlichkeit aus, so daß lediglich der parallel-kufige Flachschlitten oder die Jochschleife in Betracht kommen.
(2) Dieser Bereich der konstruktiven Vorformen bildet die mögliche Grundlage für die Entstehung des Landfahrzeuges, wobei zwei getrennte Entwicklungsrichtungen möglich sind:
(21) von dem Flachschlitten ausgehend:
vierrädriges Landfahrzeug ohne Langbaumverbindung mit Einzelspann (?) des Rindes in parallel geführten Zugsträngen;
(22) von der Jochschleife ausgehend:
zweirädriges Landfahrzeug mit paariger Anspannung des Rindes im Doppeljoch.

Grundsätzlich sind beide Entwicklungsrichtungen in der Art und Zusammenstellung der konstruktiven Vorformen enthalten; von dieser ambivalenten Grundlage aus ist die Richtung nur zu vermuten, jedoch nicht zu beweisen, da eindeutige Kriterien nicht aufzustellen sind. In dem osteuropäischen Steppenraum scheint die Annahme wahrscheinlich, daß für die Entwicklung zum Landfahrzeug die Jochschleife der bestimmende Ausgangspunkt ist, da es sich in diesem Gebiet um eine hirtennomadische Wirtschaftsform handelt, deren Transportbedarf in erster Linie auf die Beförderung ihres notwendigen Hausrates (Weidewechsel) gerichtet ist, dem also der Typ des zweirädrigen Landfahrzeuges angemessener erscheint als das im allgemeinen für größere und schwerere Lasten bestimmte vierrädrige Fahrzeug. Eine Entscheidung ist aber lediglich mit Hilfe der frühesten osteuropäischen Fahrzeugbelege durchzuführen.

2.3.4. Mittelasiatischer Steppenraum

Der mittelasiatische Steppenraum gliedert sich auf Grund seiner geographisch bedingten Nutzungsmöglichkeit in zwei verschiedene Teilgebiete:

(1) Die Steppenrandzone am beginnenden Bergland, die durch kontinuierliche Bewohnung der Siedlungsplätze (Tepes) sowie durch eine kombinierte Anbau- und Viehzuchtwirtschaft[144] gekennzeichnet ist.
(2) Das eigentliche Steppengebiet, das durch eine nicht so ortsbeständige Siedlungsweise sowie durch eine kombinierte Jäger- und Fischerwirtschaft (Kel'te-Minarkultur) bestimmt ist.

Archäologisch erfaßbar wird die Steppenrandzone durch eine Reihe sehr bedeutender Fundorte[145]:

- Anau Tepe I-IV (4. bis 1. Jt. v. Chr.)
- Shah-Tepe (3000 bis 2000 v. Chr.)
- Namazga-Tepe (ab 2250 v. Chr.) u. a.

Die Anbauwirtschaft zeigt sich in den Körnerfunden der verschiedensten Getreidearten und den typischen Geräten wie Sichel, Stößel, Haue usw. Die relative Höhe dieser Anbauwirtschaft und ihre Lage zu dem primären Pflugbaugebiet machen es wahrscheinlich, daß auch ein Pflugtyp vorhanden war und somit auch eine Zugvorrichtung in der Form eines Zugseiles[146] oder Jochstangen[147]. Bemerkenswert sind wirtelartige Tonscheiben aus Namazga[148] und die Töpferscheibe[149], während umfangreiche Tierknochen von Schaf und Rind[150] die Viehzuchtstufe belegen. Mit dieser kurzen Kennezeichnung der Anbauwirtschaft ist gleichzeitig der Umfang des gerätetechnischen Inventars beschrieben. In dieser wirtschaftlichen Gesamtsituation ist der Bedarf eines geeigneten Transportmittels hinreichend begründet.

Die geographischen Umweltbedingungen scheinen zunächst nicht so günstig wie in dem eigentlichen Steppengebiet zu sein, da das Gebirgsvorland mit seinen Erhebungen bis zu 500 m über NN. die Gebrauchsmöglichkeiten des Landfahrzeuges wesentlich einschränken kann. Jedoch ist die anfängliche Nutzung des Landfahrzeuges ohnehin nur auf einen ortsnahen Transport begrenzt, so daß einer solchen geographisch bedingten Einengung keine besondere Bedeutung beizumessen ist.

Diese Ergebnisse zeigen die folgende Entwicklungsmöglichkeit für das Landfahrzeug in der mittelasiatischen Steppenrandzone:

(1) Das Vorkommen des Rindes läßt dessen Verwendung als Zugtier folgern und damit scheint die Femerschleife als Transportgerät ausgeschlossen zu sein, so daß lediglich der Flachschlitten oder die Jochschleife vorauszusetzen sind.
(2) Dieser Bereich der konstruktiven Vorformen bildet die mögliche Ausgangsposition für die kombinatorische Entwicklung des Landfahrzeuges, wobei zwei getrennte Entwicklungslinien möglich erscheinen:
(21) von dem Flachschlitten ausgehend:
vierrädriges Landfahrzeug ohne Langbaumverbindung mit paariger Anspannung des Rindes am Zugseil (oder Jochstangen);
(22) von der Jochschleife ausgehend:
zweirädriges Landfahrzeug mit paariger Anspannung des Rindes im Doppeljoch.

Beide Entwicklungsrichtungen sind in gleicher Weise wahrscheinlich. Eine Entscheidung ist auf dieser Basis noch nicht möglich, da für die kombinierte Anbau- und Viehzuchtwirtschaft beide Fahrzeugtypen geeignet sind:

(1) wird die Anbauwirtschaft als bestimmende Entwicklungskraft angesetzt, so entspricht ihren Bedürfnissen (Erntetransport, usw.) mehr ein Flachschlitten-Fahrzeugtyp;
(2) wird die Viehzuchtwirtschaft als bestimmende Entwicklungskraft angenommen,so kommt ihren Belangen (Weidewechsel, usw.) mehr ein Schleifen-Fahrzeugtyp entgegen.

Das eigentliche mittelasiatische Steppengebiet bietet im wesentlichen gleiche oder ähnliche Formen und Bedingungen wie sie im osteuropäischen Steppenraum vorzufinden waren. Die bedeutungsvollen Fundorte gruppieren sich um den Unterlauf des Amu-Darja:

- Chorezm (um 2500-1000 v. Chr.)
- Džanbas-Kala 4 (frühestens ab 3000 v. Chr.)

und gehören zur Kel' te-Minarkultur[151].

Der Gerätebestand dieser Siedlungsfunde umfaßt eine relativ hochstehende Stufe verschiedener aus Stein gefertigter Werkzeuge[152]; Metall ließ sich bisher nicht nachweisen. Die Keramik zeigt formale Anklänge zu den Kulturen der benachbarten Steppengebiete (Altgruben, südsibirische Kulturen) und des westlichen und südlichen Irans. Die Funde von Fischresten und Wildtierknochen lassen deutlich den Grundzug einer Fischer- und Jägerwirtschaft erkennen. Somit sind die sachkulturellen Voraussetzungen und der Bedarf für ein Landfahrzeug nur in geringem Maße gegeben. Beachtenswert aber bleibt "als kulturhistorisch wesentlichster Charakterzug die weiträumige, nach allen Himmelsrichtungen (Turkmenien, Sibirien, Westkasachstan, Ural- und Kamagebiet) gehende Verbundenheit dieser frühen, zwar relativ hohen, aber doch nur Jäger-Fischer-Kultur"[153].

Erst die Spätform der Kel'te-Minarkultur (zweite Hälfte des 3. Jts. v. Chr. und Beginn des 2. Jts. v. Chr.) bringt den Übergang zu einer Viehzucht von Schaf und Rind sowie erste Funde von Kupfergeräten[154] und damit ähnliche Voraussetzungen und Bedingungen für die Entwicklung eines Landfahrzeuges, wie sie in der Altgrubenkultur des osteuropäischen Steppenraumes gegeben waren. Diese Änderung des gesamten Wirtschaftsgefüges wird als Entwicklungsschub einer aus dem Süden stammenden Kolonisationstätigkeit gedeutet[155].

Das eigentliche mittelasiatische Steppengebiet scheint somit als möglicher Entwicklungsraum für das Landfahrzeug auszuscheiden. Seine Bedeutung liegt im wesentlichen in einer Mittlerfunktion, die durch weitreichende, archäologisch nachweisbare Kulturbeziehungen bestätigt wird.

2. 3. 5. Industal

Die Anbau-Viehzüchter-Kultur Indiens, die der städtischen Hochkultur des Industal vorausging, ist bisher nur aus wenigen Funden von landwirtschaftlichen Geräten zu erschließen[156], denn "gemessen an dem Stande der vorgeschichtlichen Forschung in den Ländern des Nahen Orients ist unsere Kenntnis der Steinzeit und frühen Bronzezeit Indiens noch sehr gering"[157]. Eine dem Neolithikum angehörende Kulturschicht ist durch die Fundplätze:

- Rana-Ghundai I-V, Nordbeludschistan (spätes 4. Jt. bis zur Mitte des 1. Jts. v. Chr.)
- Gujrat, Pandschab (frühestens ab 3000 v. Chr.)

archäologisch belegt[158]. Während sich die Fundstücke von kleinen Flintgeräten, Keramik usw. ganz in den neolithischen Komplex einfügen, sind die Tierknochenfunde besonders bedeutungsvoll, da sie neben dem Vorhandensein von Schaf, Rind und Esel auch die Domestikation des Pferdes für die zweite Hälfte des 4. Jts. v. Chr. (Rana-Ghundai I) belegen[159]. Aus dieser Zusammensetzung ist die hohe Entwicklungsstufe der Tierzucht zu erkennen. Der Nachweis für eine Anbauwirtschaft wird besonders durch Körnerfunde[160] erbracht. Der Pflug ist erst durch ein Tonmodell aus der Harappazeit (Mitte des 3. Jts. v. Chr.) zu belegen[161]; jedoch ist die Annahme gerechtfertigt, daß eine Pflugform auch für die vorausgegangene Kulturstufe anzusetzen ist, da dieses Gebiet im Primärzentrum des Pflugbaues liegt[162]. Dagegen ist bereits für Rana-Ghundai II (um 3000 v. Chr.) der Gebrauch der Töpferscheibe aus der Art der Keramik zu erschließen[163]. In den gleichen Zeitraum sind auch die ersten Metallgeräte zu datieren[164].

Der Umriß dieses wirtschaftlichen Gesamtbildes läßt den relativ hohen Sachbestand dieser Kulturstufe und ihren Transportbedarf sichtbar werden. Bezüglich der geographischen Umweltbedingungen ergeben sich für eine Entstehung des Landfahrzeuges ähnliche Einschränkungen wie für die mittelasiatische Steppenrandzone.

Diese Ergebnisse lassen die folgenden Entwicklungsmöglichkeiten für das Landfahrzeug erkennen:

(1) Als Zugtiere stehen das Rind, der Esel und vielleicht auch das Pferd zur Verfügung; jedoch ist aus der Häufigkeit der Knochenfunde auf ein Überwiegen des Rindes zu schließen.
(2) Als Vorform für die Gestellkonstruktion kommt nach dem gegenwärtigen Fundstand wohl lediglich die Jochschleife in Betracht.
(3) Damit ist eine Entwicklungsmöglichkeit von der Jochschleife ausgehend gegeben: zweirädriges Landfahrzeug mit paariger Anspannung des Rindes im Doppeljoch.

Die sachtypologisch-kartographischen Untersuchungen der konstruktiven Vorformen ergaben einen Aufschluß über die technischen Vorformen des Landfahrzeuges, so daß aus der räumlichen Verteilung der möglichen Vorformen die Gebiete mit der günstigsten technischen Ausgangsbasis zu erkennen waren. Neben diesen Faktoren waren als weitere Bedingungen für den Entstehungsvorgang die Produktionsvoraussetzungen innerhalb dieser Gebiete zu überprüfen. Auf der Grundlage dieses weiterführenden Kriteriums zeigt sich, daß Ägypten als mögliches Entstehungszentrum des Landfahrzeuges auszuschließen ist, während alle anderen Gebiete die notwendigen Produktionsvoraussetzungen in einer zwar unterschiedlichen Zusammensetzung aufweisen.

2.4. Sachprojektive Zusammenhänge

Aus der Darstellung der Produktionsvoraussetzungen ergab sich, daß innerhalb der wahrscheinlichen Entstehungsgebiete verschiedenartige Entwicklungsmöglichkeiten für das Landfahrzeug bestanden. Diese Entwicklungsrichtungen sind vor allem durch die verschiedenen konstruktiven Vorformen für die Gestellkonstruktion bedingt, da sowohl der parallel-kufige Flachschlitten als auch die Jochschleife funktional ähnliche und/oder konstruktiv verwandte Ausgangspunkte darstellen. Wenn auch aus der kulturellen Gesamtsituation bereits Kriterien für einen bestimmten Entwicklungsverlauf zu gewinnen waren, so sind diese Ergebnisse dennoch durch eine Klärung der sachprojektiven Zusammenhänge zwischen den möglichen konstruktiven Vorformen und den regional frühesten Fahrzeugbelegen zu überprüfen. In diese Erörterung sind auch die Randzonen dieser wahrscheinlichen Entstehungszentren einzubeziehen, sofern sie über geeignete Zugtiere verfügen. Eine Überprüfung dieser Domestikationsverhältnisse zeigt, daß hierbei lediglich der südsibirische Raum als Randzone des mittelasiatischen Steppenraumes zu berücksichtigen ist, so daß die sachprojektiven Zusammenhänge in den folgenden Gebieten zu untersuchen sind:

2.4.1. Mesopotamien
2.4.2. Osteuropäischer Steppenraum
2.4.3. Mittelasiatischer Steppenraum
2.4.4. Industal
2.4.5. Südsibirischer Raum

Diese Erweiterung bedeutet keine grundsätzliche Abweichung von dem sachtypologisch-kartographischen Untersuchungsprinzip, da innerhalb des gesamten altweltlichen Verbreitungsgebietes zumindest ein minimaler Bestand an konstruktiven Vorformen für eine kombinatorische Entwicklung des Landfahrzeuges vorhanden ist. Jedoch wird dadurch das Zugtier als eine wesentliche Voraussetzung für die Entwicklung und Anwendung des Landfahrzeuges ausdrücklich berücksichtigt. Eine explizite Einbeziehung dieses Faktors war bisher nicht notwendig, da die wahrscheinlichen Entstehungszentren gleichzeitig auch die frühen Domestikationsgebiete darstellen[165].

2.4.1. Mesopotamien

Das archäologische Fundmaterial gibt für die Entstehung und erste Entwicklung des Landfahrzeuges im mesopotamischen Raum[166] wesentliche Aufschlüsse:

(1) Für die sachtypologische Herleitung sind die sumerischen Bilderschriftzeichen 'Wagen' und 'Schlitten' von ausschlaggebender Bedeutung. Sie gehören der Uruk IV-Stufe (3000-2800 v. Chr.) an und sind damit auch die frühesten Fahrzeugbelege für Mesopotamien[167]. Durch den Vergleich beider Bilderschriftzeichen ist die sachtypologische Verbindung des mesopotamischen Fahrzeugtyps mit dem parallel-kufigen Flachschlitten evi-

dent: der Schlitten mit seinem hausförmigen Aufbau[168] ist auf vier Scheibenräder gesetzt[169], wobei anzunehmen ist, daß das Räderpaar mit der Achse starr verbunden war[170]. Über die Zugvorrichtung sagt das Bilderschriftzeichen 'Wagen' nichts aus, jedoch scheint die Annahme berechtigt zu sein, daß dieser Fahrzeugtyp mit Hilfe eines Zugseiles in paariger Anspannung des Rindes gezogen wurde, da diese Vorrichtung für den Schlittenzug erschlossen werden konnte[171].

(2) Die etwa zeitgleiche Siegelabrollung eines vierrädrigen Landfahrzeuges aus der Uruk IV-Schicht ist leider nur in Bruchstücken erhalten. Von der Anspannung sind lediglich vier Zügel und die Köpfe der Zugtiere erhalten, so daß keine weiterführenden Angaben möglich sind[172].

(3) Chafadschi, Fahrzeugdarstellung auf einem Gefäß; 3000-2700 v. Chr.[173].

(4) Susa, Donjon-Gräberfeld; Fahrzeugdarstellung auf einem Gefäß und Fahrzeugreste (No. 322, 280, 89 bis); 3000-2700 v. Chr.[174].

(5) Kisch, Fahrzeugfund; 3000-2700 v. Chr.[175].

(6) Tepe Gaura, Fahrzeugmodell; 3000-2700 v. Chr.[176].

(7) Ur, Fahrzeugreste aus PG 789, PG 1232; 2700-2350 v. Chr.[177].

(8) Ur, "Standarte", Mosaikdarstellung; 2700-2350 v. Chr.[178].

(9) Lagasch, Geierstele; Fahrzeugdarstellung; 2700-2350 v. Chr.[179].

(10) Kisch, Tonmodell und Rollsiegel; 2700-2350 v. Chr.[180].

Aus dieser Belegreihe sind für den vierrädrigen Fahrzeugtyp des mesopotamischen Raumes die folgenden Konstruktionsformen deutlich zu erkennen:

(1) Radkonstruktion:
vier dreiteilige Scheibenräder mit Verdickung der Nabe und runden Achslöchern[181], teilweise mit Kupferreifen (aus 4 oder 6 Segmenten; bereits Ende des 3. Jts. v. Chr. in Elam nachweisbar[182]) oder Nägeln beschlagen; Radachse am Wagenboden starr befestigt.

(2) Zugkonstruktion:
(21) Zugseil mit paariger Anspannung des Rindes im Doppeljoch;
(22) Stangendeichsel (geradlinig oder hochgebogen) mit paariger Anspannung des Rindes oder Equidenarten im Doppeljoch.

(3) Aufbaukonstruktion zeigt kein einheitliches Bild:
(31) kastenförmiger (niedriger) Aufbau
(32) thronförmiger Aufbau
(33) hausförmiger Aufbau
(34) sitzförmiger Aufbau

Dieser Konstruktionstyp und die gleichartigen Schriftzeichen für 'Schlitten' und 'Wagen' beweisen die Entstehung des vierrädrigen mesopotamischen Landfahrzeuges aus dem parallel-kufigen Flachschlitten[183]. Von den Konstruktionsteilen bereitet lediglich die sachtypologische Herleitung der Stangendeichsel gewisse Schwierigkeiten:

(1) Eine Verbindung mit dem Jochgrindel des Pfluges wie sie ARTAMONOV[184] aufgestellt hat, ist von HANČAR[185] wohl zu Recht abgelehnt worden, da die ältesten Pflüge des mesopotamischen Raumes keinen Grindel aufweisen, sondern erst in einer späteren Entwicklungsstufe die Jochdeichsel vom Landfahrzeug übernommen haben.
(2) Dagegen sieht HANČAR[186] eine Herleitungsmöglichkeit aus der Jochschleife, deren gabelförmige Zugvorrichtung sich zur Jochdeichsel umgebildet habe. Die Belege für eine solche Entwicklung muß HANČAR jedoch aus dem ethnologischen Material entnehmen, wobei eine sekundäre Übernahme vom Jochdeichselwagen nicht in jedem Fall auszuschließen ist. Ein besonders aufschlußreiches Beispiel für eine derartige Umbildung bringt EBELING[187] an Hand der spanischen Fahrzeugtypen (Osten der Provinz Lugo). Wenn somit auch eine solche Entwicklungsrichtung nicht grundsätzlich zu verwerfen ist, bleibt jedoch einzuwenden, daß zweirädrige Landfahrzeuge, die sachtypologisch mit der Jochschleife zu verbinden sind, im mesopotamischen Raum erst zu einer Zeit nachweisbar sind[188], als die Jochdeichsel schon lange an vierrädrigen Landfahrzeugen benutzt wurde.
(3) Eine dritte Möglichkeit für eine sachtypologische Verbindung ergibt sich aus dem ursprünglich an Flachschlitten gebrauchten Zugseil. Aufschlußreich für eine solche Entwicklungsrichtung ist das archaische Bilderschriftzeichen für das Wort MAR[189], das in der Uruk IV-Stufe (3000-2800 v. Chr.) das vierrädrige Landfahrzeug bezeichnet und nach FALKENSTEIN[190] ursprünglich den Spaten benannt haben soll, wobei sich die piktographische Wiedergabe dann auf das liegende Gerät beziehen müßte. Damit würde es sich aber um eine sehr wenig kennzeichnende Erfassung handeln, so daß gegen eine solche Deutung erhebliche Bedenken geltend zu machen sind. SALONEN[191] erklärt diese Übertragung durch Homonymie, denn eine Bedeutungsentwicklung von 'Spaten' zu 'zwei- oder vierrädriger Wagen' ist sehr unwahrscheinlich. In den gesamten Bezugsbereich fügt sich die Interpretation dieses Schriftzeichens als Grundrißdarstellung eines Flachschlittens mit Stangendeichsel wesentlich besser ein[192]. In ähnlicher Weise erklären DEIMEL[193] und HERZFELD[194] dieses Zeichen als Wagenkasten mit Deichsel und Sitz des Lenkers. Allerdings ist die Annahme eines Landfahrzeuges wohl nicht zu stützen, da bei seiner piktographischen Abbildung sicher das Rad als das charakteristischste Konstruktionselement wiederzugeben war. Die sachtypologische Herleitung der Jochdeichsel am mesopotamischen Landfahrzeug aus dem Zugseil des Flachschlit-

tens ist somit als wahrscheinlich anzusehen[195], wenn dafür auch nur ein einziger Beleg angeführt werden konnte[196].

Die Vergleichsfunde für den vierrädrigen Fahrzeugtyp Mesopotamiens weisen im wesentlichen in den westlichen Bereich des altweltlichen Verbreitungsgebietes[197]:

- el Kab (Ägypten)	:	um 2200 v. Chr.[198]
- Sakkara (Ägypten)	:	um 2000 v. Chr.[199]
- Palaikastro (Kreta)	:	um 2000 v. Chr.[200]
- Saratsé (Makedonien)	:	um 2000 v. Chr.[201]
- Budakalász (nördl. v. Budapest)	:	um 2000 v. Chr.[202]
- Trialeti (Transkaukasien)	:	um 1500 v. Chr.[203]
- Kültepe (Kleinasien)	:	um 1900 v. Chr.[204]

Aus dieser wesentlich späteren Zeitstellung der Vergleichsfunde geht eindeutig die primäre Position des vierrädrigen Fahrzeugtyps in Mesopotamien hervor. Eine Beeinflussung von außen scheint überhaupt nicht möglich zu sein, so daß im mesopotamischen Raum die Entstehung und erste Entwicklung des vierrädrigen Landfahrzeuges anzusetzen ist[205].

Neben dem vierrädrigen Landfahrzeug ist seit der frühdynastischen Zeit[206] auch ein zweirädriger Fahrzeugtyp im mesopotamischen Raum nachzuweisen[207]:

- Tell Agrab, Kupfermodell: 2700-2350 v. Chr.[208]
- Schuruppak, Tonmodell: 2700-2350 v. Chr.[209]
- Mari, Mosaik: 2700-2350 v. Chr.[210]
- Tepe Gaura, Tonmodell: 2700-2350 v. Chr.[211]
- Nuzi, Tonmodell: 2700-2350 v. Chr.[212]
- Ur, Weiheplatte, Reliefdarstellung: um 2600 v. Chr.
  Rollsiegel: um 2400 v. Chr.[213]
- Kisch, Tonmodell: um 2600 v. Chr.[214]
- Babylon, Rollsiegel: um 2400 v. Chr.[215]

Eine sachtypologische Gliederung der zweirädrigen Landfahrzeuge ergibt sich aus der Art der Aufbaukonstruktion[216]:

(1) sattelartiger Aufbau: LEFEBVRE des NOËTTES gibt als Verbreitungsgebiet dieses Typs Elam und Chaldäa an;

(2) schemelartiger Aufbau: diese Aufbaukonstruktion ist nach LEFEBVRE des NOËTTES vom Persischen Golf bis zum Taurus-Gebirge verbreitet[217];

(3) kastenartiger Aufbau: dieser Typ wird von HANČAR schon für die frühdynastische Zeit unterschieden; als Beispiel nennt er die Tonmodelle aus Kisch[218]; jedoch handelt es sich bei dieser Aufbauart nur um eine Variante von (2), wobei der

Platz für die Füße des Fahrzeuglenkers seitlich geschlossen ist.

Diese Entwicklungsreihe, die im wesentlichen auch der zeitlichen Abfolge entspricht[219], scheint durch die zunehmende Fahrsicherheit bedingt zu sein, die auf das engste mit der Beherrschung der Zugtiere verbunden ist.

Die chronologische Bestimmung läßt erkennen, daß der vierrädrige Fahrzeugtyp der ursprüngliche ist, während das zweirädrige Landfahrzeug eine relativ späte Erscheinung darstellt. Diesem Ergebnis entspricht auch, "daß die Zeichen für den zweirädrigen Wagentypus jünger sind als die für den vierrädrigen Wagen"[220]. Die sachtypologische Stellung dieser zweirädrigen Fahrzeugtypen ist nicht mit Sicherheit geklärt, denn es ergeben sich die folgenden Möglichkeiten:

(1) sachtypologische Verbindung mit der Jochschleife[221];
(2) sachtypologische Entwicklung aus dem vierrädrigen Fahrzeugtyp;
(3) sachtypologische Verbindung mit einem Scheibenradpaar an fixierter Achse mit Stangendeichsel.

Die sachtypologischen Einordnungsschwierigkeiten und die späte Zeitstellung dieser zweirädrigen Fahrzeugtypen erfordern eine Erörterung der Frage, ob es sich hierbei um eine selbständige oder von außen kommende Entwicklung handelt:

(1) Die Art und Zusammenstellung der konstruktiven Vorformen lassen durchaus eine autonome Entstehung dieser zweirädrigen Fahrzeugtypen zu, wenn die Annahme sich als richtig erweist, daß sie in sachtypologischer Verbindung mit der Jochschleife stehen:
(11) Handelt es sich um eine eigenständige Entwicklung, dann hat vielleicht die kampftaktische Nutzung den entscheidenden Anstoß gegeben[222]. Jedoch ist eine solche Funktion nicht sehr wahrscheinlich, da dieser Fahrzeugtyp nur von einer Person geführt wurde, während eine streitwagenähnliche Verwendung erst sinnvoll wird, wenn neben dem Wagenkämpfer noch ein Wagenlenker vorhanden ist.
(12) Handelt es sich um eine von außen kommende Entwicklung, dann ist die Entstehung wahrscheinlich in dem Gebiet der Hirtennomaden zu suchen, die über das Rind als Zugtier in der Jochschleife verfügten, denen jedoch die kombinierte Verwendungsweise als Reit- und Schlepptier in der Femerschleife unbekannt war. Diese Voraussetzungen erfüllen der osteuropäische Steppenraum und die Steppengebiete zwischen dem Kaspischen Meer und der ostturanischen Gebirgskette (Fundorte: Shah-tepe, Anau III)[223].
(2) Die Annahme einer sachtypologischen Verbindung dieser zwei-

rädrigen Wagenformen mit der Jochschleife stößt auf Schwierigkeiten, die besonders durch den funktionalen Unterschied bedingt sind, so daß die Möglichkeit einer andersartigen sachtypologischen Einordnung besteht:
(21) Handelt es sich um eine eigenständige Entwicklung, dann besteht wahrscheinlich ein genetischer Bezug zu dem bereits früher entstandenen vierrädrigen Fahrzeugtyp; besonders der schemelartige Aufbau läßt sich ohne Schwierigkeiten in dieser Verbindung sehen[224]. Aber auch die Herleitung des sattelartigen Aufbautyps wäre vom vierrädrigen Fahrzeugtyp möglich, da dessen Wagenkasten nur eine durchschnittliche Breite von 50 cm [225] aufwies. Die Bedingungen für eine solche Entwicklung sind dann einerseits in der Fahrsicherheit zu sehen, die auf eine nur geringe Beherrschung des Zugtieren schließen läßt, und andererseits durch die Bevorzugung einer größeren Wendefähigkeit gegeben, die ein vierrädriger Fahrzeugtyp ohne lenkbares Vordergestell nicht zu leisten vermag.
(22) Handelt es sich um eine von außen kommende Entwicklung, dann könnte eine sachtypologische Verbindung zu einem Scheibenradpaar mit fixierter Achse und Stangendeichsel erwogen werden, wobei als Vorformen das Schleifen eines Baumstammes am Doppeljoch anzusetzen ist. Aus dem ethnologischen Material ist diese Kombination zum Anlernen eines jungen Zeburindes in Zentralindien bekannt[226]. Damit ist auch der einzigste und zugleich vageste Hinweis auf ein mögliches Entlehnungsgebiet für die zweirädrigen Fahrzeugtypen im mesopotamischen Raum gegeben.

2.4.2. Osteuropäischer Steppenraum

Die frühen Wagenbelege des osteuropäischen Steppengebietes beschränken sich zur Zeit auf nur wenige Funde[227]:

(1) Storoževaja Mogila (südlich Dnjepropetrowsk), wo die Reste eines zweirädrigen Landfahrzeuges gefunden wurden, die einer Altgrubenbestattung aus der zweiten Hälfte des 3. Jts. v. Chr. [228] angehören. Beide Scheibenräder (Durchmesser 50 cm) zeigen eine verdickte Radnabe und runde Achsenlöcher. Während aus den Teilen die Form des Wagenkastens nicht erschlossen werden konnte (anzunehmen ist aber wohl eine rechteckige Gestalt), ließ sich jedoch aus den Fundumständen eine Stangendeichsel erkennen. "Einstweilen ist dieser zweirädrige Karren mit Deichselstange aus der Storoževaja mogila als ältestes transportgeschichtliches Dokument Osteuropas zu buchen, sowie als Hinweis auf bestehende Zugtierverwendung und damit, entgegen dem bisherigen Fundbild, auch als Zeugnis für ein viehzüchterisches Entwicklungsniveau der altgrubenzeitlichen Steppenbevölkerung zu erkennen, das über die primäre jägerische Fleischnutzung hinaus bereits zur Spezialverwendung der tierischen Zugkraft ge-

langt war"[229].
(2) Ul'-Kurgan Grab D (Maikop). Von CHILDE[230] wird dieser Fund eines tönernen Wagenmodells in den gleichen Zeitraum wie (1) datiert: 2400-2000 v. Chr., während HANČAR[231] eine jüngere Einordnung von 1800-1200 v. Chr. vornimmt. Die Aufbaukonstruktion besteht in einem tonnenartigen Verdeck und wird von HANČAR als Wohnwagen früher Viehzüchternomaden gedeutet.
(3) Tri Brata-Kurgan 9 (bei Elista in der Kalmückensteppe am Manyc)[232]. Dieser Grabfund enthielt ein tönernes Wagenmodell und die Reste von drei zweirädrigen Landfahrzeugen. In der Datierung zeigen sich gleichartige Unterschiede wie bei (2), denn CHILDE[233] kommt zu einer Einstufung in den Zeitraum von 1750-1250 v. Chr., während HANČAR[234] eine Zeitstellung von 1200-700 v. Chr. annimmt. "Nach dem Wagenmodell, den Wagenresten und Wagenspuren zu urteilen, handelt es sich um eine zweirädrige Type mit Jochdeichsel und einem matten- oder filzüberspannten, viereckigen Wagenkasten auf Vollrädern von 70 cm Durchmesser und 10 cm Dicke, frei drehbar auf der 7 cm starken, auf dem Wagenboden fixierten Radachse. Die Radscheiben sind aus drei Kreissegmenten vermittels Holzzapfen zusammengefügt und die Verstärkung der Nabe sorgfältig aus dem Holz herausgeschnitzt. Der Abdruck des Joches in der weichen Graberde - ein glücklicher, seltener Fundumstand, der die Abnahme eines Abgusses erlaubte - bezeugt eine Jochlänge von 1,60 m. Zugtiere waren offensichtlich Rinder"[235].
(4) Džemi-Kent (am Kaspischen Meer). Aus diesem Siedlungsfund, der in das frühe 2. Jt. v. Chr. datiert wird[236], stammt ein Tonrad, das vielleicht zu einem Fahrzeugmodell gehörte[237]. Die weiteren Fundumstände lassen auf den Gebrauch des Rindes als Zugtier schließen.

Gegenüber dem mesopotamischen Raum zeigt das Fundmaterial des osteuropäischen Steppengebietes ein wesentlich einheitlicheres Gepräge, und diese Tatsache braucht nicht ausschließlich durch die geringe Anzahl der Fahrzeugbelege bedingt zu sein. Ein genau zu beschreibender Fahrzeugtyp ist erkennbar:

(1) Radkonstruktion:
zwei dreiteilige Scheibenräder mit Verdickung der Nabe und runden Achslöchern; die Radachse ist am Fahrzeugboden starr befestigt.

(2) Zugkonstruktion:
Stangendeichsel mit paariger Rinderanspannung im Doppeljoch.

(3) Aufbaukonstruktion:
(31) rechteckiger Wagenkasten;
(32) rechteckiger Wagenkasten mit tonnenartigem Verdeck.

Dieser zweirädrige Fahrzeugtyp des osteuropäischen Steppenraumes zeigt in der Gestellkonstruktion eindeutig seine sachtypologische Verbindung mit der Jochschleife[238], wobei die seitlich überstehenden Verdeckränder des Tri-Brata-Modells vielleicht auf die Seitenholme einer ursprünglich gabelförmigen Deichselkonstruktion hinweisen.

Diese Gestellkonstruktion findet keine zeitfrüheren oder zeitgleichen Parallelen im mesopotamischen Gebiet, denn die zweirädrigen Fahrzeugtypen Mesopotamiens sind in ihrer Aufbau- und Gestellkonstruktion sowie in ihrer Nutzungsweise grundsätzlich nicht zu vergleichen[239], während jedoch die dreiteilige Scheibenradkonstruktion und die Art der Zugvorrichtung das gleiche Grundprinzip aufweisen.

Vergleichsfunde für die Gestellkonstruktion stammen aus[240]:

- Los Buitres (Südspanien) : um 2000 v. Chr.[241]
- Züschen (Deutschland, Hessen): um 2000 v. Chr.[242]
- Kivik, Stein VII (Südschweden): um 1000 v. Chr.[243]
- Komarovka (Kuibyschew): um 900 v. Chr.[244]
- Balonovo (Wolga, Sura): um 1300 v. Chr.[245]
- Pivkino-Kurgan (Kurgan, Ural) : um 1000 v. Chr.[246]
- mittelasiatischer Steppenraum: unmittelbar nach 2500 v. Chr. und die zugehörigen Vergleichsfunde.
- Industal: nahe 2500 v. Chr., und die dort aufgeführten vergleichbaren Fahrzeugbelege.

Vergleichsfunde für die tonnenartige Aufbaukonstruktion lassen sich nachweisen aus:

- Mingečaur (Kura): um 900 v. Chr.[247]
- Znamenka-Stele: um 1000 v. Chr.[248]
- Industal: nahe vor 2500 v. Chr.[249]. Gegenüber dem tonnenartigen Verdeck, wie es von den Tonmodellen des nördlichen Teiles des altweltlichen Verbreitungsgebietes dargestellt wird, zeigen die Belege der Induskultur ein von vier Stangen getragenes Spitzdach.

Die vergleichbaren Nachweise für die Gestellkonstruktion dieses zweirädrigen Landfahrzeuges im osteuropäischen Steppenraum zeigen zeitfrühere oder zeitgleiche Belege nur im mittelasiatischen Steppengebiet und im Industal. Alle weiteren Vergleichsfunde sind in ihrer Zeitstellung wesentlich später, so daß sie ohne Auswirkung auf den osteuropäischen Entwicklungsablauf bleiben und sich im Gegenteil als deren Einflußbereich im Gebiet der Femerschleife erweisen.

Durch diese sachprojektiven Zusammenhänge rückt das Entstehungsproblem des Landfahrzeuges in andersartige Perspektiven:

(1) Die eigenständige Gestellkonstruktion des eurasischen Steppenraumes und der Induskultur setzt ein außerhalb von Mesopotamien liegendes Entstehungs- oder Entwicklungszentrum voraus. Die chronologische Stellung der Fahrzeugfunde schließt eine Beeinflussung des mesopotamischen Entstehungsprozesses aus, der zudem von ganz anderen gerätetechnischen Voraussetzungen ausging. Jedoch ist eine Einwirkung in umgekehrter Richtung nicht ohne weiteres abzuweisen, wobei besonders an eine Übernahme der Rad-Achsen-Konstruktion sowie der Zugvorrichtungen zu denken ist. Somit ist nicht die Frage nach einer eigenständigen Entwicklung wohl aber die einer eigenständigen Entstehung in dem osteuropäischen Steppenraum zu untersuchen.
(2) Das Inventar der konstruktiven Vorformen erlaubt durchaus die Annahme einer eigenständigen Fahrzeugentstehung im osteuropäischen Steppenraum, da sich besonders die Gestellkonstruktion als völlig unabhängig von den mesopotamischen Typen erweist. Die kastenförmige Aufbaukonstruktion bei den zweirädrigen Landfahrzeugen erscheint im Vorderen Orient erst im Zusammenhang mit dem Streitwagen (um 1700 v. Chr.).
(3) Die technische Entwicklungsstufe der Altgrubenkultur und die chronologische Stellung der Fahrzeugfunde hinsichtlich des mittelasiatischen Steppenraumes und des Industales lassen in dem osteuropäischen Gebiet eine eigenständige Entwicklung dieses zweirädrigen Fahrzeugtypes aus der Jochschleife jedoch zweifelhaft erscheinen, so daß zumindest mit einer gedanklichen und technischen Hilfeleistung aus einem kulturell höherstehenden Raum zu rechnen ist. Dafür bieten sich verschiedene Möglichkeiten:
(31) das mesopotamische Gebiet als Übermittler der entwickelten Scheibenrad-Achsenkonstruktion und der Jochstangendeichsel;
(32) die mittelasiatische Steppenrandzone als Vermittler der Gestellkonstruktion, die sachtypologisch mit der Jochschleife verbunden ist, wobei dann die Induskultur als das eigentliche Entstehungs- oder Entwicklungszentrum dieses zweirädrigen Fahrzeugtypes anzusehen ist[250].
(4) Die tonnenartige Aufbaukonstruktion hat nur im Industal zeitfrühere Parallelerscheinungen, da sich die Belege aus Tepe Gaura und der Nähe von Karkemisch als fremdartig erweisen, so daß auch hinsichtlich dieses Konstruktionselementes die Vergleichsfunde in den Bereich der Induskultur führen. Somit ist im Industal der eigentliche Entwicklungsraum zu sehen, wobei dann dem mittelasiatischen Steppenraum die Vermittlerrolle zum osteuropäischen Gebiet zukommt.

2.4.3. Mittelasiatischer Steppenraum

Die frühen Fahrzeugbelege des mittelasiatischen Steppenraumes beschränken sich auf wenige Funde[251]:

(1) Anau III, Südkurgan: unmittelbar nach 2500 v. Chr.
(11) Fragment eines kupfernen Fahrzeugmodells[252]; der Teil des Wagenkastens läßt eine rechteckige oder ovale Grundfläche sowie die Einstecklöcher für zwei Achsen erkennen.
(12) Kupferne Räder von Fahrzeugmodellen[253]. Sie zeigen zumeist Verdickung der Nabe; aus ihrem paarigen Fundvorkommen [254] ist auch auf das Vorhandensein zweirädriger Fahrzeugmodelle zu schließen, über deren weitere Gestalt aber keine Aufschlüsse zu erhalten sind.
(2) Shah-Tepe III: um 2500 v. Chr.[255]; Räderfunde von Fahrzeugmodellen[256].
(3) Sajmaly-Taš, Ferghana: um 1000 v. Chr. Die Felsbilder lassen einen zweirädrigen Fahrzeugtyp mit einem kleinen, dreieckigen Wagenboden, Scheibenrädern und Jochdeichsel erkennen; als Zugtier scheint das Yak zu dienen[257].

Diese wenigen Funde können keine gesicherte Grundlage für eine Interpretation bieten. Jedoch lassen sich zwei Fahrzeugtypen unterscheiden:

(1) Vierrädriges Landfahrzeug mit einem rechteckigen Kastenaufbau; Scheibenrädern mit Verdickung der Nabe; Jochdeichsel mit paariger Anspannung des Rindes im Doppeljoch.
(2) Zweirädriges Landfahrzeug mit drei- oder viereckigem Kastenaufbau; Scheibenrädern mit Verdickung der Nabe; Jochdeichsel mit paariger Anspannung des Rindes oder Yaks im Doppeljoch.

Für den vierrädrigen Fahrzeugtyp scheint die Annahme gerechtfertigt zu sein, daß er in einer sachtypologischen Verbindung zum parallel-kufigen Flachschlitten gesehen wird. Vergleichsfunde stammen aus[258]:

(1) dem mesopotamischen Gebiet: 3000-2800 v. Chr. und den dort aufgeführten vergleichbaren Fahrzeugbelegen;
(2) Chanhu-Daro, Induskultur: nahe vor 2500 v. Chr.

Die relativ späte Zeitstellung von Anau III gegenüber dem mesopotamischen Raum schließt die Annahme aus, daß der vierrädrige Fahrzeugtyp mit sachtypologischer Verbindung zum Flachschlitten in der mittelasiatischen Steppenrandzone entstanden ist, sondern macht eine direkte Beeinflussung von Mesopotamien aus deutlich[259].

Für den zweirädrigen Fahrzeugtyp ist die Darstellung eines dreieckigen Wagenbodens aus dem Ferghana-Hochtal ein bedeutungsvoller Hinweis dafür, daß eine sachtypologische Verbindung mit der Jochschleife besteht: Vergleichsfunde sind zu belegen aus[260]:

(1) dem osteuropäischen Steppengebiet: zweite Hälfte des 3. Jts. v. Chr. und die dort aufgeführten vergleichbaren Fahrzeugfunde; (2) dem Bereich der Induskultur: nahe vor 2500 v. Chr. und die dort genannten vergleichbaren Fahrzeugbelege.

Eine Erörterung der Entstehungsfrage ist kaum möglich, da der Beleg für ein frühes Vorkommen des zweirädrigen Fahrzeugtyps in der mittelasiatischen Steppenrandzone nur durch einen fundbedingten Rückschluß gewonnen wurde und außer über die Beschaffenheit der Räder keine gesicherten Aussagen gemacht werden können[261]. Aus der kulturellen und wirtschaftlichen Gesamtsituation des mittelasiatischen Steppenraumes ließ sich dessen Mittlerfunktion für das 3. Jt. v. Chr.[262] erkennen, so daß die Annahme berechtigt erscheint, daß auch der zweirädrige Fahrzeugtyp eine Sachübernahme darstellt, die aus dem Bereich der Induskultur stammt[263] und nach dem osteuropäischen Steppengebiet weitergegeben wurde[264].

2.4.4. Industal

Die frühen Fahrzeugbelege des indischen Raumes[265] beschränken sich auf eine größere Anzahl von Ton- und Kupfermodellen[266], die allerdings ausschließlich aus der Hochkultur des Industales stammen, wobei der Zusammenhang mit der vorausgehenden Anbau-Viehzüchterkultur Nordbeludschistans und Panschabs in der Form eines Entwicklungskontinuums oder einer von außen kommenden Kulturüberlagerung bisher ungeklärt ist. Fundstücke aus:

- Harappa (nahe vor 2500 v. Chr.)
- Mohenjo-Daro (nahe vor 2500 v. Chr.)
- Chanhu-Daro (nahe vor 2500 v. Chr.)[267]

belegen das Vorhandensein von drei verschiedenartigen Fahrzeugtypen, von denen zunächst die beiden zweirädrigen Formen behandelt werden:

(1) Zweirädriger (Scheibenräder) Fahrzeugtyp mit gewölbter Plattform und seitlichen Holzstangen[268] oder mit kastenförmigem Aufbau und Stangendeichsel mit paariger Anspannung des Rindes im Doppeljoch[269].
(2) Zweirädriger (Scheibenräder) Fahrzeugtyp mit kastenförmigem Aufbau und einem von vier Stangen getragenen Dach; Stangendeichsel mit paariger Anspannung des Rindes im Doppeljoch[270].

Die sachtypologische Herleitung dieser zweirädrigen Fahrzeugtypen führt auf die Jochschleife, wenn auch die notwendige trianguläre Zwischenform nur mit Hilfe des ethnologischen Materials zu belegen ist[271].

Vergleichsfunde bestehen[272]:

(1) für den Wagentyp (1):
(11) im osteuropäischen Steppenraum (zweite Hälfte des 3. Jts. v. Chr.) und den dort aufgeführten vergleichbaren Fahrzeugbelegen;
(12) im mittelasiatischen Steppenraum (unmittelbar nach 2500 v. Chr.);
(13) im chinesischen Raum (besonders in der Provinz Ho-nan) [273]; Hsiao-t'un (Grab M 020)[274] mit den Umrißformen eines zweirädrigen Landfahrzeuges, das durch die metallenen Beschlagteile zu rekonstruieren war (spätes 2. Jt. v. Chr.); Bilderschriftzeichen aus dem späten 2. Jt. v. Chr.[275];

(2) für den Wagentyp (2):
im osteuropäischen Steppenraum (um 2000 v. Chr.) und den dort genannten vergleichbaren Fahrzeugbelegen.

Eine Untersuchung der sachprojektiven Zusammenhänge hinsichtlich einer Entstehung oder frühen Entwicklung des Landfahrzeuges im Industal ist abhängig von der Beurteilung der einzelnen Zeitstellungen; wird die Datierung der regional frühesten Fahrzeugbelege in etwa gleichgesetzt mit dem ersten Vorkommen des Landfahrzeuges in diesem Gebiet, so ergibt sich:

(1) wenn die zeitliche Bestimmung ohne große Varianzbreite als richtig angenommen wird, daß Entstehung oder frühe Entwicklung des zweirädrigen Landfahrzeuges mit seiner sachtypologischen Bindung an die Jochschleife im Raume der Induskultur zu suchen ist:

(11) Industal: nahe vor 2500 v. Chr.
(12) mittelasiatische Steppenrandzone: unmittelbar nach 2500 v. Chr.
(13) osteuropäischer Steppenraum: um 2500 v. Chr.[276].

(2) wenn die Unsicherheit solcher Datierungen und die stets damit verbundene zeitliche Schwankungsbreite berücksichtigt wird[277], daß aus der fast gleichen chronologischen Stellung keine Rückschlüsse auf Entstehung oder frühe Entwicklung des Landfahrzeuges in der Induskultur möglich sind.

Erst die Hinzunahme des gesamten kulturellen und wirtschaftlichen Gefüges dieser Beleggebiete zeigt, daß:

(1) der osteuropäische Steppenraum als Entstehungszentrum auszuschließen ist;

(2) das mittelasiatische Steppengebiet nur in der Form einer Mittlerfunktion anzusetzen ist;
(3) die städtische Zivilisation des Industales einen relativ hohen Entwicklungsstand erreicht hatte, der durch sein Gesamtgefüge bestimmte Transportanforderungen stellte, die lediglich mit denen des mesopotamischen Raumes zu vergleichen sind[278].

Neben diesen beiden zweirädrigen Fahrzeugformen besteht für den Bereich der Induskultur noch ein dritter vierrädriger Fahrzeugtyp "with high dash board recalling the Sumerian chariot on the Standard from Ur"[279] und Stangendeichsel mit paariger Anspannung des Rindes im Doppeljoch[280], der bisher nur aus Chanhu-Daro bekannt ist[281].

In der Literatur war leider keine Abbildung eines solchen Modells zu finden, jedoch ist die Annahme wohl berechtigt, daß zwischen diesem vierrädrigen Fahrzeugtyp und dem parallel-kufigen Flachschlitten eine sachtypologische Verbindung besteht[282]. Im archäologischen Fundmaterial ließ sich der Schlitten als eine notwendige konstruktive Vorform für diese Entwicklungslinie jedoch nicht nachweisen, so daß grundsätzlich zwei Interpretationsmöglichkeiten bestehen:

(1) der parallel-kufige Flachschlitten ist auch für die Kulturstufe der Anbau- und Viehzuchtwirtschaft anzusetzen;
(2) der vierrädrige Fahrzeugtyp ist eine von außen kommende Sachübernahme, wobei die Vergleichsfunde in den mesopotamischen Raum und dessen westliches Einflußgebiet weisen.

Die isolierte Stellung des vierrädrigen Fahrzeugtyps im Industal läßt darauf schließen, daß er auf Grund von kulturellen und wirtschaftlichen Beziehungen aus Mesopotamien übernommen wurde und somit keine eigenständige Entstehung oder Entwicklung innerhalb der frühen Induskultur darstellt, wo er ohnehin zu keiner größeren Bedeutung im Transportwesen gelangte.

Während die Aufbaukonstruktionen der indischen Fahrzeugtypen verschiedenartige Ausprägungen aufweisen, zeigen die Radkonstruktion und die Zugvorrichtung eine einheitliche Form:

(1) Radkonstruktion:
dreiteiliges Scheibenrad[283] mit Verdickung der Nabe und runden Achslöchern; zumeist starre Radachse;

(2) Zugkonstruktion:
Stangendeichsel mit paariger Rinderanspannung im Doppeljoch.

Diese konstruktiven Eigenarten bilden eine Vergleichsgrundlage zum mesopotamischen Gebiet und lassen einen genetischen Zusammenhang deutlich erkennen. Ungeklärt bleibt hierbei nur die Richtung des Abhängigkeitsverhältnisses:

(1) Ein west-östliches Entlehnungsverhältnis verdeutlicht der chronologische Unterschied zwischen den frühesten Fahrzeugbelegen aus Mesopotamien und dem Industal[284], so "daß hinsichtlich der indischen Wagenvollendung das Zweistromland im Vorsprung und gebend gewesen sein mußte"[285].
(2) Neben dieser Übernahmerichtung wird die Auffassung einer eigenständigen und von Mesopotamien unabhängigen, aber auch ohne Einfluß darauf bleibende Entstehung des Landfahrzeuges im Industal vertreten. So geht MODE[286] von den einfacheren Formen der zweirädrigen Fahrzeugtypen im Industal aus und neigt zu der Folgerung, daß sie aus diesen Gründen auch älter als die mesopotamischen Landfahrzeuge seien, wobei er allerdings kein Abhängigkeitsverhältnis in umgekehrter Richtung konstruiert, sondern sich für eine Polygenese des Landfahrzeuges entscheidet:"außerdem aber spricht nichts gegen die Annahme, daß der Wagen sowohl im Lande zwischen Euphrat und Tigris als auch im Industal erfunden worden ist"[287]. Zu einer ähnlichen Deutung einer Eigenständigkeit der Induskultur gelangt auch FÜRER-HAIMENDORF:"Obgleich die Indusstädte Handelsverbindungen mit Sumerien und Akkadien unterhielten, blieben sie von dem technischen Fortschritt der mesopotamischen Reiche zum größten Teil unberührt..."[288].

Jedoch ist eine gesicherte Entscheidung über eine eigenständige Entstehung des zweirädrigen Fahrzeutyps im Bereich der Induskultur aus dem bisherigen Material nicht möglich. Da aber sowohl die dreiteilige Scheibenradkonstruktion wie auch die paarige Anspannungsweise in der Stangendeichsel mit Doppeljoch sicher nicht als die einzig möglichen oder gar einfachsten Konstruktions- oder Bespannungsarten gelten können[289], ist eigentlich notwendig zu folgern, daß diese Übereinstimmungen zwischen Mesopotamien und dem Industal auf einen genetischen Zusammenhang weisen[290], wobei die chronologische Stellung in diesem Falle sicher zu Gunsten einer mesopotamischen Entstehung des Landfahrzeuges entscheidet, so daß dem Bereich der Induskultur lediglich eine Entwicklungsfunktion zukommt.

2.4.5. Südsibirischer Raum

Als Randzone des mittelasiatischen Steppenraumes ist das südsibirische Gebiet (Minussinsk) in die Darstellung der sachprojektiven Zusammenhänge einzubeziehen. Der Bestand an konstruktiven Vorformen ist aus den Karten 4 bis 6 zu ersehen und besteht aus: Spinnwirtel, Femerschleife und Femerstangen. Im Rahmen der gesamten Entstehungsproblematik des Landfahrzeuges ist die Berücksichtigung dieses Gebietes im wesentlichen durch die Zugtierkomponente bedingt, da in diesem Raum und seiner weiteren Nachbarschaft sehr wahrscheinlich eine frühe Domestikation des Rens und anschließend des Pferdes stattgefunden hat[291]. Die sachprojektiven Zusammenhänge zeigen einen kontinuierlichen Entwicklungsverlauf von der Nutzung des Rens oder des Pferdes als Zugtier in der Femerschleife bis hin zu dem zweirädrigen Landfahrzeug mit Femerstangen (Gabeldeichsel). Der südsibirische Raum erweist sich damit als das früheste Verbreitungsgebiet dieses Fahrzeugtyps und wird durch die folgenden Funde repräsentiert[292]:

(1) Znamenka-Stele (Jenissei): um 1000 v. Chr. [293], die eine Darstellung eines zweirädrigen Landfahrzeuges mit einem tonnenartigen Verdeck und einer Gabeldeichsel wiedergibt. Als Einzelzugtier ist das neben dem Wagenbild eingeritzte Pferd anzusehen. Die Einordnung in die Karasukkultur scheint gesichert zu sein, so daß eine Datierung um 1000 v. Chr. möglich ist[294].
(2) Pazyryk-Kurgan 5 (Bergaltai): um 700 v. Chr. [295], enthielt drei verschiedenartige Transportmittel des südsibirischen Raumes:

(21) eine Femerschleife;
(22) ein zweirädriges Landfahrzeug mit Gabeldeichsel und sehr einfachen Scheibenrädern;
(23) ein vierrädriges Landfahrzeug mit rechteckigem Wagenkasten, der von einem schwach gewölbten Dach überdeckt wird und mit Speichenrädern zu je 34 Speichen[296];

Aus der Mitbestattung von Pferden ist zu schließen, daß diese als Zugtiere benutzt wurden. Dieser Fund, der in seiner Kombination außerordentlich bedeutsam ist, wird von HANČAR[297] in die zweite Hälfte des 1. Jts. v. Chr. datiert, während SMOLIAN[298] eine Zeitstellung um 1000 v. Chr. ansetzt.
(3) China: gegen Ende des 3. Jhs. v. Chr.. Genaue Angaben über einzelne Funde sind aus der zugänglichen Literatur nicht zu gewinnen[299]. Es werden lediglich Hinweise auf die neue Anspannungsvorrichtung durch die Gabeldeichsel gegeben, die nach SMOLIAN aus dem Nordwesten übernommen wurde. DEWALL gibt den genauesten Zeitansatz für diese Sacheinführung, die sich allerdings nur langsam vollzog (späte Chan-kuo-Zeit: 480-221 v. Chr.)[300].

Weitere Vergleichsfunde für den zweirädrigen Fahrzeugtyp mit Gabeldeichsel sind in nennenswerter Anzahl bisher nicht bekannt [301]. Lediglich zweirädrige Landfahrzeuge mit zwei Jochstangendeichseln für eine vierspännige Zugvorrichtung lassen sich als parallele Erscheinungen anführen. Eine sachtypologische Verbindung mit der Gabeldeichsel ist sehr wahrscheinlich, wobei gleichzeitig die für den Bereich der Jochstangendeichsel charakteristische Umformung in das eigene Anspannungssystem zu erkennen ist. Die folgenden Belege zeigen somit die Einflußrichtung der Gabeldeichsel im Gebiet der Jochstangendeichsel[302]:

(1) Amu-Darja-Schatz (Oxus): 3. Jh. v. Chr.[303]. Das Goldmodell zeigt einen rechteckigen Wagenkasten mit mittelhohen Seitenwänden und einer längslaufenden Sitzbank; die Zugvorrichtung besteht aus einer Gabeldeichsel mit einem Nackenjoch, das die außengehenden Pferde verbindet.

(2) Marathus (Amrith), Phönikien: erste Hälfte des 9. Jh. v. Chr.[304]. Tonmodell eines zweirädrigen Streit- oder Rennwagens, dessen Vierergespann paarig an je einer Jochstangendeichsel geht. "Trotz all der einzelnen Beziehungen zu assyrischen Formen, namentlich des 9. Jahrhunderts, verrät uns doch diese einzige rundplastische Darstellung eines Kriegsgespannes aus Phönikien selbst einen eigenartigen Typus. Am besten läßt er sich vielleicht auffassen als Weiterbildung des kleinen, nordsyrisch-kappadokischen Wagens..."[305].

(3) Cypern

(31) Tonmodell aus dem 8.-9. Jh. v. Chr.[306]. Das Vierergespann zieht mit zwei Paarjochen das zweirädrige Fahrzeug an je einer Stangendeichsel.

(32) Zwei Kalksteinmodelle aus dem 5.-4. Jh. v. Chr.[307]. Das Vierergespann geht unter einem einzigen Nackenjoch[308], aber in den zwei Stangendeichseln des zweirädrigen Fahrzeugs. Die weiteren konstruktiven Einzelheiten zeigen wie die Zugvorrichtung einen deutlichen persischen Einfluß[309].

(4) Pompeji: 2. Jh. v. Chr.[310]. Das Vierergespann zieht das zweirädrige Fahrzeug unter einem durchgehenden Nackenjoch, aber in zwei Stangendeichseln. Das Fußbodenmosaik stellt das Zusammentreffen Alexanders mit Darius in der Schlacht bei Issus dar, so daß zu folgern ist, daß es sich bei dieser Fahrzeugwiedergabe um keinen in Italien einheimischen Typ handelt[311].

(5) Nordafrikanische Felszeichnungen:

(51) Wadi Zigza II und III

(52) Wadi Masauda III

(53) Wadi Umm Gher[312]

Die dargestellten Vierergespanne ziehen das zweirädrige Fahrzeug paarweise an je einer Stangendeichsel (Doppeljoch oder durchgehendes Nackenjoch); eine Datierung dieser Felszeichnungen ist nicht sicher anzugeben[313].

Die Umformung und relativ späte Zeitstellung dieser Entwicklung läßt erkennen, daß das südsibirische Gebiet als Entwicklungszentrum für diesen zweirädrigen Fahrzeugtyp mit Gabeldeichsel anzusehen ist[314]. Den Ausgangspunkt dieser Konstruktionsart scheint die Femerschleife darzustellen[315], wodurch dieser Fahrzeugtyp in engster Beziehung zum Pferd als dem dafür geeignesten Zugtier steht.

Die Frage nach der ursprünglichen Zeitstellung dieser Entwicklung läßt sich von zwei verschiedenen Grundlagen aus beurteilen:

(1) Die Datierung des frühesten Fundmaterials entspricht in etwa auch dem Alter dieser Entwicklung, so daß eine zeitliche Einordnung in die zweite Hälfte des 2. Jts. v. Chr. berechtigt erscheint[316].
(2) Die mittelasiatische Grenze des zweirädrigen Fahrzeuges mit Jochstangendeichsel im 3. Jt. v. Chr. deutet auf ein eigenständiges Transportgerät des südsibirischen Raumes hin, so daß die auf andere Kulturgüter zutreffende Sachübernahme aus dem Süden in diesem Bereich nicht notwendig ist[317]. Damit fällt der zeitliche Ansatz für die Entwicklung des zweirädrigen Landfahrzeuges mit Gabeldeichsel vielleicht schon in die zweite Hälfte des 3. Jts. v. Chr., sicher aber in die erste Hälfte des 2. Jts. v. Chr.

Eine gesicherte Entscheidung ist nicht zu erlangen, obgleich die frühen Züchtungsversuche des Pferdes im südsibirischen Gebiet eine zeitliche Einordnung des zweirädrigen Landfahrzeuges mit Gabeldeichsel in das 3. Jt. v. Chr. sehr wahrscheinlich machen, da die Entwicklung der Gabeldeichsel aus der Femerschleife mit der Verwendung von Ren und Pferd in der doppelten Funktion als Reit- und Schlepptier eng verbunden ist.

2. 5. Graduelle Entwicklungsräume

Die sachtypologisch-kartographische Untersuchungsmethode und die Überprüfung ihrer Ergebnisse auf der Grundlage sachprojektiver Zusammenhänge zeigt, daß der Problemkomplex der Landfahrzeugentstehung nicht auf eine monogenetische oder polygenetische Ursprungshypothese zu reduzieren ist, sondern auf ein vielschichtiges Abhängigkeits- und Bedingungsverhältnis führt. Um diese Zusammenhänge angemessen zu erfassen, ist es notwendig, die Entstehungsproblematik des Landfahrzeuges als graduelle Entwicklungsabläufe innerhalb bestimmter Räume des altweltlichen Verbreitungsgebietes darzustellen. Auf dieser methodischen Grundlage ergeben sich für den Entwicklungsprozeß des Landfahrzeuges die folgenden Arbeitshypothesen[318].

2. 5. 1. Primärer Entwicklungsraum

Als primärer Entwicklungsraum und somit als konstitutiver Entstehungsraum für das Landfahrzeug ist das mesopotamische Gebiet anzusehen:

(1) Die Entstehung des mesopotamischen vierrädrigen Landfahrzeuges ist sachtypologisch auf die lokale Form des parallel-kufigen Flachschlittens zurückzuführen. Das unmittelbare Vorausgehen der Töpferscheibe legt eine Einflußlinie in Richtung auf das Scheibenrad nahe, während das Schlittenzugseil als Vorform für die Stangendeichsel anzusehen ist.

Das frühe Verbreitungsgebiet dieses vierrädrigen Fahrzeugtyps liegt hauptsächlich im westlichen Teil des altweltlichen Verbreitungsgebietes mit Ausnahme der Funde von Anau III und Chanhu-Daro (Industal). Als nordwestlichster Beleg hat der Fund des vierrädrigen Fahrzeugmodells von Budakalász (Donauraum) zu gelten.

(2) Die Entstehung und Entwicklung des mesopotamischen zweirädrigen Fahrzeugtyps mit sattel- und schemelartiger Aufbaukonstruktion muß offenbleiben[319].

Das Verbreitungsgebiet dieses zweirädrigen Landfahrzeuges beschränkt sich auf den mesopotamischen Raum vom Persischen Golf bis zum Schwarzen Meer.

2.5.2. Sekundärer Entwicklungsraum

Als sekundärer Entwicklungsraum ist das eurasische Steppengebiet und der Bereich des Industal anzusehen:

(1) Die Entwicklung des zweirädrigen Landfahrzeuges, wie es aus dem Fundmaterial dieses Gebietes für die zweite Hälfte des 3. Jts. v. Chr. zu rekonstruieren ist, zeigt deutlich seine sachtypologische Herleitung von der Jochschleife[320].

Der frühe Verbreitungsraum dieses zweirädrigen Fahrzeugtyps umfaßt die eurasische Steppenzone von dem unteren Dnjepr bis zum ostturanischen Gebirgsrand und den Bereich der Induskultur. Es ist nicht gesichert zu entscheiden, ob sich die Umbildung der Jochschleife zum zweirädrigen Jochdeichselwagen der eurasischen Steppengebiete und des Industales im sekundären Entwicklungsraum des Landfahrzeuges in polygenetischer oder monogenetischer Weise vollzog. Es ist lediglich eine Hypothesenkette aufzustellen und nach dem Grade ihrer Wahrscheinlichkeit zu beurteilen:

(11) Eine polygenetische Entwicklung ist aus der annähernden Gleichzeitigkeit der frühest nachweisbaren Fahrzeugbelege zu vermuten:

- Storoževaja Mogila : um 2500 v. Chr.

- Anau III : unmittelbar nach 2500 v. Chr.
- Induskultur : nahe vor 2500 v. Chr.

Die zeitliche Vorrangstellung des Industales ließe sich durchaus als forschungs- oder überlieferungsbedingt ansehen und somit ist die Annahme von drei regional verschiedenen Entwicklungszentren möglich. Die gleichartige Entwicklungstendenz ist aus dem funktional ähnlichen Gebrauch der Jochschleife innerhalb des gesamten sekundären Entwicklungsraumes zu erklären. Allerdings sind auch die Verkehrsbeziehungen zu berücksichtigen, die von Mesopotamien nach allen drei Gebieten bestanden[321].

(12) Eine monogenetische Entwicklung bietet zwei mögliche Ansatzpunkte, die jeweils in den Bereich der Induskultur weisen:

(121) Nach der chronologischen Stellung - wenn die bisherigen Datierungen als richtig angenommen werden - ist der Bereich der Induskultur als Umbildungszentrum in dem sekundären Entwicklungsraum des Landfahrzeuges anzusehen, dessen Einflüsse dann in die eurasische Steppenzone gerichtet waren. Der Bestand an konstruktiven Vorformen und die damit verbundenen Produktionsmöglichkeiten boten für diesen Entwicklungsablauf die notwendigen Voraussetzungen.

(122) Nach der kulturellen Gesamtsituation - wenn die bisherigen Aufschlüsse als ausreichend angesehen werden - ist ebenfalls die Induskultur als Umbildungszentrum in dem sekundären Entwicklungsraum des Landfahrzeuges zu betrachten, deren Einflüsse dann über Turan bis in den osteuropäischen Steppenraum reichten. Der transportmäßige Bedarf stellte hierzu dann den notwendigen Anstoß dar.

Eine Entscheidung ist auf dieser Grundlage wohl verfrüht, denn eingehende Untersuchungen des archäologischen Materials müssen weitere Argumente für oder gegen die verschiedenartigen Möglichkeiten erbringen, wenn auch das Industal einen bevorzugten Rang innerhalb des sekundären Entwicklungsraumes immer einnehmen wird, da einerseits hier die frühesten Belege dieses Fahrzeugtyps zu finden sind und andererseits die notwendigen technischen Voraussetzungen bestanden.

2.5.3. Tertiärer Entwicklungsraum

Als tertiärer Entwicklungsraum ist das südsibirische Gebiet anzusehen:

Die Entwicklung des zweirädrigen Landfahrzeuges mit Gabeldeichsel, die für das südsibirische Gebiet wahrscheinlich in die erste Hälfte des 2. Jts. v. Chr. zu datieren ist, zeigt deutlich seine sachtypologische Herleitung von der Femerschleife.

Das frühe Verbreitungsgebiet dieses zweirädrigen Fahrzeugtyps umfaßt im wesentlichen die südsibirische Gebirgszone mit einer direkten Ausbreitung bis nach China, während seine Einflußrichtung in der kennzeichnenden Umformung zur doppelten Jochdeichsel bis in den Mittelmeerraum zu verfolgen ist.

Die Rangfolge der einzelnen Entwicklungsräume[322] stellt gleichzeitig deren chronologische Ordnung dar, wobei die Entwicklung zum technisch genutzten Rad als entscheidende Konstruktion des mesopotamischen Gebietes anzusehen ist[323].

Die Entwicklungsschübe in den sekundären und tertiären Entwicklungsraum sind als Weitergabe der Rad-Achsen-Konstruktion zu deuten[324], die dort mit der jeweiligen Vorform des eigenständigen Transportgerätes zu einem neuen Typ des Landfahrzeuges entwickelt wurde. Die späteren Entwicklungsschübe bewirken lediglich die Verbreitung des im jeweiligen Ausgangsgebiet gebrauchten Fahrzeugtyps.

2. 6. Sachtypologisches Entwicklungsschema

Die Darstellung der Entstehungs- und Entwicklungsproblematik findet ihre Zusammenfassung in den graduellen Entwicklungsräumen des Landfahrzeuges. Diese Ergebnisse bilden die arbeitshypothetische Grundlage für die Aufstellung des sachtypologischen Entwicklungsschemas (vgl. dieses Schema auf Seite 68), das die einzelnen Entwicklungs- und Kombinationstypen der Landfahrzeuge definiert und in ihren entwicklungsmäßigen Zusammenhängen aufzeigt[325].

Die Ausgangspunkte der jeweiligen sachtypologischen Reihen werden von den funktional ähnlichen und/oder den konstruktiv verwandten Vorformen gebildet. Die zur Unterscheidung führenden Kriterien innerhalb dieses sachtypologischen Entwicklungsschemas bestehen in:

- Rad-Achsen-Konstruktion
- Gestellkonstruktion
- Zugkonstruktion.

Nur diese Konstruktionselemente werden als differenzierende Merkmale berücksichtigt, da sie im wesentlichen für eine technische und konstruktive Kennzeichnung der Landfahrzeuge aus-

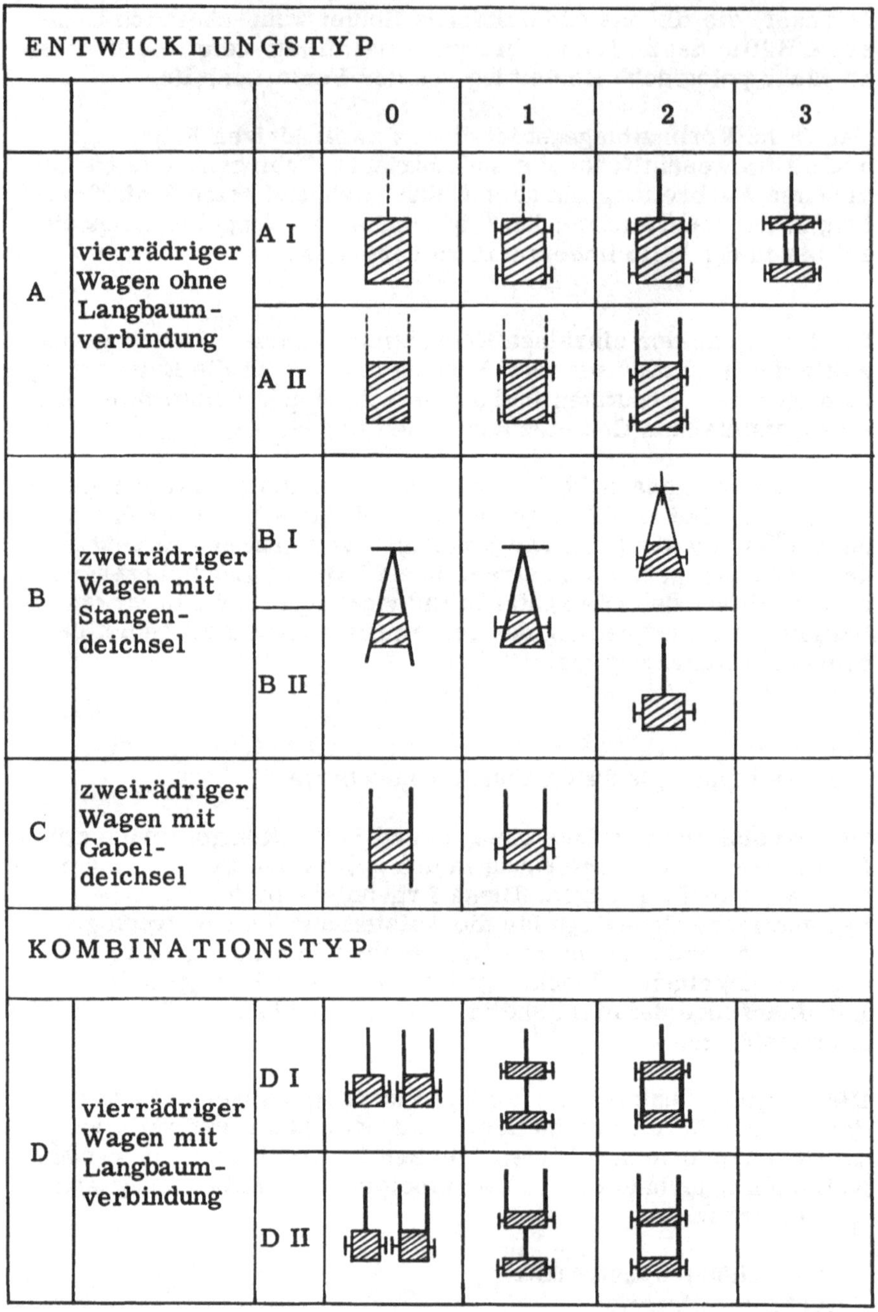

SACHTYPOLOGISCHES ENTWICKLUNGSSCHEMA

reichen, während die Aufbaukonstruktion vor allem von der Nutzungsweise abhängig ist.

Auf Grund der sachtypologischen Zusammenhänge ergeben sich somit die folgenden Einteilungsmöglichkeiten:

(1) Im Bereich der zweirädrigen Landfahrzeuge sind zwei Entwicklungstypen zu unterscheiden:

(11) der von der Jochschleife ausgehende zweirädrige Wagen mit Stangendeichsel (B II, 2);
(12) der von der Femerschleife ausgehende zweirädrige Wagen mit Gabeldeichsel (C, 1).

Als Kennzeichen dieser Differenzierung ist die unterschiedliche Zugkonstruktion anzusehen, die jedoch ihrerseits hauptsächlich von den vorhandenen oder benutzten Zugtieren abhängig ist[326].

(2) Im Bereich der vierrädrigen Landfahrzeuge ist ein Entwicklungstyp und ein Kombinationstyp zu unterscheiden:

(21) der von dem parallel-kufigen Flachschlitten ausgehende Entwicklungstyp des vierrädrigen Wagens mit Zugseil(en) bzw. mit Stangen- oder Gabeldeichsel (A I, 1 und 2; A II, 1 und 2)[327];
(22) der von zwei zweirädrigen Fahrzeugen ausgehende Kombinationstyp des vierrädrigen Wagens mit Stangen- oder Gabeldeichsel (D I, 1 und 2; D II, 1 und 2).

Als Kennzeichen dieser Differenzierung ist die unterschiedliche Gestellkonstruktion anzusehen, während die einzelnen Variationstypen im wesentlichen durch die verschiedenartigen Zugkonstruktionen bestimmt sind.

(3) Neben dieser Gruppierung in zwei- und vierrädrige Fahrzeugtypen ist als Sonderform der dreirädrige Wagentyp (B I, 2) zu unterscheiden, dessen sachtypologische Entwicklungslinie über den Jochschleifenwagen (B, 1) bis zur Jochschleife zurückführt.

Dieses sachtypologische Entwicklungsschema führt somit zu einer entwicklungsimmanenten Einteilung der Landfahrzeuge in einzelne Typen, deren früh- und neuzeitliche Verbreitung umrißhaft in den anschließenden Abschnitten dargestellt wird.

3. Früh- und neuzeitliche Verbreitung

Die sachtypologische Einteilung der Landfahrzeuge bildet die Gliederungsgrundlage für die Darstellung der früh- und neuzeitlichen Verbreitung der jeweiligen Entwicklungs- und Kombinationstypen mit ihren zugehörigen Variationstypen.

Die Verbreitungsgebiete dieser Fahrzeugtypen werden aus dem zeit- und bearbeitungsmäßig unterschiedlichen Material der Archäologie und der Ethnologie[328] zusammengestellt. Aus diesen Materialverhältnissen ergibt sich, daß vollständige Angaben über die Verbreitung der einzelnen Sachtypen zumeist nicht zu erreichen sind, da:

(1) die Angaben über die Konstruktionsart besonders häufig im archäologischen Material quellenbedingt unzureichend sind[329];
(2) die Angaben in der Literatur häufig ungenau und undeutlich sind;
(3) die Abbildungen oft den Anforderungen einer sachtypologischen Beschreibung nicht genügen oder die entsprechende Literatur nicht zu erreichen war.

Aus diesen Schwierigkeiten ergibt sich, daß die Verbreitungsgebiete der einzelnen Fahrzeugtypen zumeist nur in ihren Schwerpunkten zu erfassen sind[330].

3.1. Vierrädriger Wagen ohne Langbaumverbindung

Der vierrädrige Wagen ohne Langbaumverbindung stellt den Entwicklungstyp des vierrädrigen Landfahrzeuges dar und ist sachtypologisch aus dem parallel-kufigen Flachschlitten herzuleiten. Die sachgeographische Verbreitung dieser konstruktiven Vorformen A I, 0 und A II, 0 wurde bereits im Zusammenhang mit der Entstehungsproblematik des Landfahrzeuges aufgezeigt[331].

3.1.1. Grundtyp A

Der Grundtyp A ist durch seine langbaumlose Gestellkonstruktion definiert und berücksichtigt zunächst noch nicht die verschiedenartigen Zugkonstruktionen, die erst als Bestimmungsmerkmale für die Definition der Variationstypen herangezogen werden.

(1) Frühzeitliche Verbreitung[332]

Das früheste Verbreitungsgebiet dieses Wagentyps wurde in seinen Umrissen bereits bei der Darstellung der sachprojektiven Zusammenhänge aufgezeigt[333].

Der Donauraum weist in der Bronzezeit (1. Hälfte des 2. Jts. v. Chr.) eine besonders intensive Belegung durch Modelle ohne Langbaumkonstruktion auf[334], so daß dieses Gebiet als eine europäische Kernzone aufzufassen ist[335]. Unsicher ist die Deutung von Holzteilen, die in Mooren von Schonen und Småland gefunden und in den Übergang von Bronze- zur Eisenzeit datiert wurden[336]. Die Rekonstruktion ergibt einen vierrädrigen Wagentyp ohne Langbaum, jedoch ist die rekonstruierte Gabeldeichsel für diesen Zeitraum sicher nicht zutreffend.

(2) Neuzeitliche Verbreitung[337]

Diese Rekonstruktion eines frühzeitlichen südschwedischen Funbereiches wird durch das neuzeitliche Verbreitungsgebiet[338] dieses Wagentyps gestützt:

Schweden	Estland
Südnorwegen	Ungarn
Orkney-Inseln	Serbien
England[339]	

Allerdings handelt es sich bei dem südskandinavischen Wagentyp nur um ein spezielles Transportmittel für besonders schwere Lasten[340], während er im übrigen Verbreitungsgebiet einen allgemein benutzten, wenn auch nicht besonders häufig vorkommenden Wagentyp darstellt.

3.1.2. Variationstypen

Die Variationstypen des langbaumlosen Wagens werden im wesentlichen durch die verschiedenartigen Zugkonstruktionen definiert.

(1) Variationstyp A I, 1

Die Definition des Variationstyps A I, 1 umfaßt den vierrädrigen Wagen ohne Langbaumverbindung mit Zugseil. Die Verbreitung dieses Wagentyps scheint in ihrer ursprünglichen Form auf den mesopotamischen Bereich begrenzt zu sein, für den sie allerdings nur durch die gerätetechnische Gesamtsituation rekonstruiert werden konnte[341].

(2) Variationstyp A II, 1

Die Definition des Variationstyps A II, 1 umfaßt den vierrädrigen Wagen ohne Langbaumverbindung mit Zugsträngen. Direkte Belege konnten nicht gefunden werden. Wenn jedoch die Deutung des betreffenden Fundmaterials aus der Tripoljekultur zu Recht besteht, so ist zu vermuten, daß dieser Wagentyp in dem westlichen Teil der Ukraine und dem östlichen Gebiet von Rumänien anzutreffen ist[342].

(3) Variationstyp A I, 2

Die Definition des Variationstyps A I, 2 umfaßt den vierrädrigen Wagen ohne Langbaumverbindung mit Stangendeichsel für eine paarige Anspannungsweise. Dieser Wagentyp ist im gesamten frühzeitlichen Verbreitungsgebiet des Grundtyps A anzutreffen, da seine Verbreitung innerhalb des Gebietes der Jochstangen liegt, so daß es zu keinen Überschneidungen mit dem Entwicklungsraum der Gabeldeichsel kommen kann.

(4) Variationstyp A II, 2

Die Definition des Variationstyps A II, 2 umfaßt den vierrädrigen Wagen ohne Langbaumverbindung mit Gabeldeichsel für eine einspännige Zugweise. Dieser Wagentyp kann nur im neuzeitlichen Verbreitungsgebiet des Grundtyps A auftreten, da die Gabeldeichsel in Europa eine relativ späte Erscheinung darstellt, die auch in der Neuzeit im wesentlichen auf den nördlichen Teil der Wagenzone begrenzt bleibt. Genauere Angaben zur Verbreitung dieses Variationstyps können hier nicht gegeben werden[343].

(5) Variationstyp A I, 3

Die Definition des Variationstyps A I, 3 umfaßt den vierrädrigen Wagen mit Doppellangbaum und Stangendeichsel für eine paarige Anspannungsweise. Die Darstellungen von Oedenburg (Sopron, Ungarn) können vielleicht als historische Belege für diesen Wagentyp angesehen werden[344]. Das neuzeitliche Auftreten dieser Gestellkonstruktion ist aus Dalmatien, Weiß- und Kleinrußland und Teilen von Polen bekannt[345].

Dieses Verbreitungsgebiet liegt im wesentlichen im Bereich des langbaumlosen vierrädrigen Wagentyps oder zumindest in dessen Einflußzone, so daß somit die sachtypologische Herkunft dieser Gestellkonstruktion als Einwirkung des vierrädrigen Wagentyps mit Langbaumverbindung[346] auf den ursprünglich langbaumlosen Wagen anzusehen ist. Diese sachtypologische Stellung des Variationstyps A I, 3 begründet seine Einordnung in den Entwicklungsablauf des Grundtyps A.

3.1.3. Entwicklungsverlauf

Die sachtypologisch-geographische Untersuchung konnte den mesopotamischen Raum als das Ursprungsgebiet dieses Wagentyps und seine Herleitung aus dem Flachschlitten erweisen[347].

Von dem mesopotamischen Gebiet gehen zwei Ausbreitungsrichtungen:

(1) nach dem mittelasiatischen und vorderasiatischen Raum, wo diese Wagenform allerdings zu keiner größeren Bedeutung gelangte;
(2) nach dem europäischen Raum, wobei das Donaugebiet eine entscheidende Mittlerrolle einzunehmen scheint[348].

Die weitere europäische Ausbreitung:

(1) in der älteren Urnenfelderzeit (12.-10. Jh. v. Chr.) "vom oberen Theißgebiet bis Frankreich"[349];
(2) in der jüngeren Urnenfelderzeit und in der Frühstufe der Hallstattzeit (10.-6. Jh. v. Chr.) wahrscheinlich bis zur Nord- und Ostseeküste[350];

ist wohl auf die Expansionskraft des Donauraumes zurückzuführen.

3.2. Vierrädriger Wagen mit Langbaumverbindung

Der vierrädrige Wagen mit Langbaumverbindung stellt den Kombinationstyp des vierrädrigen Landfahrzeuges dar und ist sachtypologisch aus der Verbindung zweier zweirädriger Wagen herzuleiten.

3.2.1. Kombinationstyp D

Der Kombinationstyp D ist durch seine Gestellkonstruktion in Langbaumform definiert und berücksichtigt zunächst noch nicht die verschiedenen Kombinationsmöglichkeiten, die erst als Bestimmungsmerkmale für die Definition der Variationstypen herangezogen werden.

(1) Frühzeitliche Verbreitung[351]

Die frühzeitliche Verbreitung dieses Wagentyps umfaßt die folgenden Gebiete:

- Østfold (Norwegen), Bohuslän (Schweden); um 1200 v. Chr.[352].
  Die Darstellung des vierrädrigen Wagens auf den sehr zahlreichen Felszeichnungen bleibt eigenartigerweise auf die Gruppe von Østfold-Bohuslän begrenzt[353]:

  - Nedre Solberg[354]
  - Lille Berge[355]
  - Rished[356]
  - Langön[357]

  Die Darstellungen zeigen hinsichtlich der Gestellkonstruktion einen im wesentlichen einheitlichen Wagentyp:

  - der Langbaum geht mit einer relativ langen, gabelförmigen Spreizung in die hintere Achsenverbindung;
  - außer einer Zeichnung von Nedre Solberg geht die Stangendeichsel in gleicher Spreizung wie der Langbaum in die vordere Achsenverbindung;
  - die Räder sind scheibenförmig oder vierspeichig wiedergegeben.

- Gotland; um 1000 v. Chr.[358].

  - Levide
  - Alskog
  - Ekeby[359]

Bei diesen Wagenbildern handelt es sich um Darstellungen auf Steinplatten. Der dargestellte Wagentyp entspricht im wesentlichen dem der nordischen Felszeichnungen.

- Jütland; um 650 v. Chr.[360].
Der Moorfund von Deibjerg[361] ermöglichte eine relativ vollständige Rekonstruktion des Wagens[362]:

- Gestellkonstruktion wie bei dem skandinavischen Fundmaterial;
- Speichenräder;
- niedriger Kastenaufbau.

Die gleiche Konstruktion und die räumliche Nähe zu dem skandinavischen Wagengebiet läßt die Annahme berechtigt erscheinen, daß der Wagen von Deibjerg ein später Beleg ist und dieser Typ in Jütland etwa schon im 9. Jh. v. Chr. anzusetzen ist.

- Westpreußen-Pommern; 800-500 v. Chr.[363].
Die Ritzzeichnungen auf den Gesichtsurnen von:

- Lamenstein[364]
- Darslub[365]
- Elsenau I[366]
- Lindebuden[367]
- Wittkau[368]
- Grabau[369]

stellen hinsichtlich des Langbaumes, der mit Ausnahme von Darslub immer mit einer relativ kurzen Spreizung in die hintere Achsverbindung führt, einen einheitlichen Wagentyp dar. Eine Spreizung der Stangendeichsel ist nur bei Darslub und Grabau zu erkennen. Diese konstruktiven Unterschiede benutzt MÖTEFINDT[370] zur Aufstellung von zwei Typengruppen:

- Typ I : Langbaum mit hinterer Spreizung;
  Stangendeichsel ohne Spreizung;
- Typ II : Langbaum ohne Spreizung;
  Stangendeichsel mit Spreizung;

LA BAUME[371] fügt eine dritte Gruppe hinzu:

- Typ III: Langbaum und Stangendeichsel mit Spreizung.

Die Ordnung dieser Gruppen wird als sachtypologische Entwicklungslinie gesehen[372]. Im Rahmen dieser sachkartographischen Darstellung kann die Frage nicht entschieden werden, ob solche Aussagen zu Recht bestehen[373].

- Böhmen-Süddeutschland; 600-400 v. Chr. [374]
Das Fundmaterial stammt aus Wagenbestattungen der Hallstattzeit. Nur bei wenigen Ausgrabungen konnte eine Rekonstruktion des Wagens versucht werden (Hradenín, Bad Cannstadt), jedoch lassen die Fundumstände in den meisten Fällen auf einen vierrädrigen Wagentyp mit einer Langbaumverbindung schließen[375]. Der niedrige Wagenkasten war wohl auf einem Ständer- oder Polstergerüst befestigt. Die neueste Zusammenfassung des Fundmaterials gibt SCHIEK[376], so daß sich hier ein genauer Nachweis für dieses Fundgebiet erübrigt. Aus der geographischen Darstellung der Fundorte ist zu erkennen, daß die Ausbreitung dieses Wagentyps während der frühen Hallstattzeit (nach REINECKE: Hallstatt C) in einem breiten Streifen von Böhmen bis zum Gebiet der Iller reicht[377]. Die Funde des anschließenden Zeitraumes (Hallstatt D) zeigen eine Ausweitung bis zum Maingebiet und zum mittleren Rhein mit Einschluß der Schweiz[378]. Dieses Gebiet findet mit gleicher Zeitstellung eine Fortsetzung nach Frankreich[379]. Die Zeitstufe des Frühlatène ist lediglich durch zwei Funde in Rheinland-Pfalz belegt:

- Bell, Kr. Simmern[380]
- Bassenheim, Kr. Koblenz[381]

- Frankreich; 600-500 v. Chr. [382].
Der vierrädrige Wagentyp ist für die Hallstattzeit in Frankreich durch zwei Gruppen von Wagenbestattungen zu erfassen:

- Burgund
- Franche Comté [383]

Die Verbreitungskarte bei PIGGOTT[384] enthält noch zwei Fundbelege (Hallstatt C) aus dem südfranzösischen Languedoc, ohne allerdings die Fundorte genauer zu nennen.

Die Verhältnisse in der Funderkennung liegen ähnlich wie in Böhmen-Süddeutschland. Lediglich die Ausgrabungen von Ohnenheim (Elsaß)[385] und Vix (Côte d'Or)[386] wiesen genügend Holzreste auf, um zu einer Rekonstruktion[387] zu gelangen, während die übrigen Funde zum Teil erkennen ließen, daß es sich um vierrädrige Wagen[388] handelt, deren Achsen durch einen Langbaum verbunden waren.

- Italien; 500-400 v. Chr. [389].
Unter den Felszeichnungen des Val Camonica finden sich auch einige Darstellungen des vierrädrigen Wagens[390]. Besonders die Wiedergabe von Scale di Cimbergo (Val Camonica)[391] läßt deutlich die Gestellkonstruktion erkennen, die in einer Spreizung von Langbaum und Stangendeichsel besteht.

Ein Grabfund aus Camorta (bei Como) konnte als vierrädriger

Wagen mit Langbaumverbindung rekonstruiert werden[392]. Die weiteren oberitalienischen Wagenfunde von Rebbio (Como) fügen sich in diesen Rahmen ein. Bei den hallstättischen Vergleichsfunden zu den bayerischen Wagenbestattungen nennt KOSSACK[393] noch Ost- und Mittelitalien, ohne jedoch genauere Angaben zu machen.

- Spanien; 900-650 v. Chr.[394].
  Die Steinplatte eines Kistengrabes von Solaña de Cabanas[395] zeigt die Ritzzeichnung eines vierrädrigen Wagens mit einem Langbaum, der ebenso wie die Stangendeichsel keine Spreizung aufweist[396].

  Unsicher bleibt die Deutung einer Felszeichnung aus Estremadure[397].

(2) Neuzeitliche Verbreitung[398]

Der Langbaum des vierrädrigen Wagens ist in seiner neuzeitlichen Erscheinung fast immer gebrochen, wodurch eine wesentlich größere Wendefähigkeit erreicht wird[399]. Die Angaben über die neuzeitliche Verbreitung beschränken sich auf den in der Landwirtschaft benutzten Wagen[400] und lassen die asiatischen Belege unberücksichtigt, sofern sie durch die russische Expansion bedingt sind:

Südnorwegen[401]
Südschweden[402]
Südfinnland[403]
Dänemark[404]
Mittelengland[405]
Niederlande[406]
Belgien[407]
Frankreich[408]
Deutschland
(ohne Rheingebiet)[409]
Schweiz[410]
Oberitalien[411]
Tschechoslowakei[412]
Polen[413]
Baltikum[414]
Rußland[415]
Österreich[416]
Ungarn[417]
Rumänien[418]
Jugoslawien[419]
Bulgarien[420]

3.2.2. Variationstypen

Die Variationstypen des vierrädrigen Wagens mit Langbaum werden im wesentlichen durch die verschiedenartigen Kombinationsmöglichkeiten der zwei zweirädrigen Wagentypen definiert.

(1) Variationstyp D I, 1

Der Variationstyp D I, 1 ist sachtypologisch auf die Kombination von zwei zweirädrigen Wagentypen mit Stangendeichsel zurückzuführen. Seine Definition umfaßt somit den vierrädrigen Wagen mit einfacher Langbaumverbindung und Stangendeichsel für eine paarige Anspannungsweise[421].

Dieser Wagentyp ist im gesamten frühzeitlichen Verbreitungsgebiet des Kombinationstyps D anzutreffen, da seine Verbreitung innerhalb des Gebietes der Jochstangen liegt. Da die Entwicklung und Ausbreitung der Gabeldeichsel relativ spät erfolgte, kam es im frühzeitlichen Abschnitt zu keiner Sachübernahme dieser Zugkonstruktion.

Die neuzeitliche Verbreitung zeigt im Bereich des Kombinationstyps D eine weitgehende Mischung der Variationstypen D I, 1 und D II, 1. Jedoch ist ein leichtes Überwiegen des Variationstyps D I, 1 im südlichen Teil des Verbreitungsgebietes von D zu erkennen, das offensichtlich auf die Tradition der Jochstangen als Zugkonstruktion zurückzuführen ist.

Im Zusammenhang mit dem Variationstyp D I, 1 steht auch die Erscheinung des rheinpfälzischen Pflugkarrens, der als sogenannte Treinform[422] aus einem zweirädrigen Wagen mit Stangendeichsel und dem Rädergestell des Pfluges zusammengesetzt und für einen ein- oder zweispännigen Zug eingerichtet ist[423].

(2) Variationstyp D II, 1

Der Variationstyp D II, 1 ist entwicklungsmäßig auf die Kombination eines zweirädrigen Wagens mit Stangendeichsel als Hinterwagen und eines zweirädrigen Wagens mit Gabeldeichsel als Vorderwagen zurückzuführen. Seine Definition umfaßt somit den vierrädrigen Wagen mit einfacher Langbaumverbindung und Gabeldeichsel für eine einspännige Zugweise[424].

Aus der relativ späten Entwicklung und Ausbreitung der Gabeldeichsel ist zu folgern, daß dieser Variationstyp im frühzeitlichen Abschnitt wahrscheinlich noch nicht bestand, sondern erst mit dem langsamen Eindringen der Gabeldeichsel in das Gebiet des Kombinationstyps D entstanden ist.

Die neuzeitliche Verbreitung zeigt im allgemeinen ein leichtes Überwiegen dieses Variationstyps im nördlichen Teil des Verbreitungsgebietes von D. Diese Verbreitungstendenz zwischen dem Variationstyp D II, 1 und D I, 1 steht ganz offensichtlich im Zusammenhang mit der Verbreitung der Femer- und Jochstangen als konstruktive Vorformen für diese Zugvorrichtung. Jedoch ist in der Neuzeit die Wahl der Anspannungskonstruktion unter anderem auch von den folgenden Faktoren abhängig:

(1) Größe des vierrädrigen Wagens
(2) Art des benutzten Zugtieres
(3) Gewicht der Ladung

so daß damit die nicht scharfe regionale Gliederung der Variationstypen D II, 1 und D I, 1 begründet ist.

(3) Variationstyp D I, 2

Der Variationstyp D I, 2 ist entwicklungsmäßig auf die Kombination eines zweirädrigen Wagens mit Gabeldeichsel als Hinterwagen und eines zweirädrigen Wagens mit Stangendeichsel als Vorderwagen zurückzuführen. Seine Definition umfaßt somit den vierrädrigen Wagen mit zwei Langbäumen und Stangendeichsel für eine paarige Anspannungsweise.

(4) Variationstyp D II, 2

Der Variationstyp D II, 2 ist entwicklungsmäßig auf die Kombination von zwei zweirädrigen Wagentypen mit Gabeldeichsel zurückzuführen. Seine Definition umfaßt somit den vierrädrigen Wagen mit zwei Langbäumen und Gabeldeichsel für eine einspännige Zugweise.

Auf Grund der zentraleuropäischen Verbreitung des Kombinationstyps D und dem relativ späten Erscheinen der Gabeldeichsel in diesem Gebiet sind die Variationstypen D I, 2 und D II, 2 im frühzeitlichen Belegmaterial nicht nachzuweisen, sondern stellen einen späteren Kombinationstyp des vierrädrigen Wagens dar, der als Voraussetzung den zweirädrigen Wagen mit Gabeldeichsel benötigt. Diese Variationstypen bezeichnen OUDEMANS[425] und BERG[426] als ' Trein', deren Verbreitung sich auf relativ kleine Gebiete beschränkt. Wie bei den Variationstypen D I, 1 und D II, 1 ist auch in diesem Falle wiederum keine regionale Trennung der Anspannungsvorrichtung in strenger Weise gegeben, sondern auch hier sind die schon genannten Faktoren für die Wahl der Zugart bestimmend.

Die Verbreitung der Variationstypen D I, 2 und D II, 2 umfaßt die folgenden Gebiete:

Südschweden[427]
Südnorwegen[428]
Karelien[429]
Lettland[430]
Niederlande[431]
Westfalen[432]
Mittelitalien[433]

3.2.3. Entwicklungsverlauf

Die sachtypologische Betrachtung erweist den vierrädrigen Wagen mit Langbaumverbindung als einen Kombinationstyp von zwei zweirädrigen Wagen in der Weise, daß die Zugvorrichtung des hinteren zweirädrigen Wagens die Verbindungskonstruktion mit dem vorderen zweirädrigen Wagen bildet[434]. Die Entstehungsmöglichkeit wird gestützt und belegt durch den sogenannten 'Treintyp'[435] des ethnologischen Materials. Wird diese sachtypologische Herleitung als richtig angenommen, so ist das Vorhandensein der zweirädrigen Wagen mit Stangendeichsel eine notwendige Voraussetzung für die Entstehung dieses vierrädrigen Kombinationstyps[436], da es sich bei den frühen Belegen stets um einen Wagentyp mit Stangendeichsel handelt. Die relativ lange Spreizung des Langbaumes oder der Stangendeichsel bei den frühesten Darstellungen dieses vierrädrigen Wagentyps legt die Vermutung nahe, daß mit einer relevanten Einflußkomponente des zweirädrigen aus der Jochschleife entwickelten Wagens zu rechnen ist[437].

Das Gebiet und die Zeitstellung dieser Entwicklung ist nur aus dem archäologischen Fundmaterial zu erschließen:

(1) Die Zeitstellung dieser Entwicklung liegt am Beginn des 1. Jts. v. Chr., da die frühesten Belege in diesen Zeitraum fallen.

(2) Der Entwicklungsraum dieses vierrädrigen Kombinationstyps ist in Nord- oder Zentraleuropa zu suchen, da seine Verbreitung sich allein auf diesen Bereich begrenzt. Eine nähere Bestimmung weist auf das westpreußische Gebiet, da:

(21) die frühere Datierung der Felszeichnungen von Østfold-Bohuslän nicht unbedingt gesichert erscheint;
(22) die Darstellung des vierrädrigen Wagentyps auf den südwestskandinavischen Raum beschränkt bleibt und somit eine Entwicklung in diesem Gebiet nicht sehr wahrscheinlich macht, da zumindest ein Übergreifen auf den südschwedischen Raum zu erwarten wäre.

Zu den bereits bestimmten Entwicklungsgebieten des Landfahrzeuges tritt somit ein quartärer Entwicklungsraum hinzu[438]. Während die Entstehung des Landfahrzeuges in den ersten Räumen durch eine Kombination der Rad-Achsen-Konstruktion mit den regional schon vorhandenen Transportgeräten bedingt ist, geht der vierrädrige Wagen mit Langbaum aus einer Kombination von zweirädrigen Wagen hervor[439], wobei vielleicht das Vorhandensein des parallel-kufigen Flachschlittens oder des vierrädrigen Wagens ohne Langbaumverbindung[440] den konstruktiven Anstoß in diese Richtung gegeben hat.

Die Variationstypen D I, 2 und D II, 2 sind in den Berührungszonen des vierrädrigen Wagens mit Langbaumverbindung mit dem zweirädrigen Gabeldeichselwagen (C, 1) entstanden und stellen wohl insgesamt eine junge Erscheinung dar, die wie Typ D als Kombination zu deuten ist.

Durch diese Bestimmung der Entwicklungszeit und des Entwicklungsraumes ist die Möglichkeit gegeben, diesen vierrädrigen Kombinationstyp D mit der sogenannten Lausitzer Kultur zu verbinden. Diese Vermutung äußert PITTIONI[441] bereits im Zusammenhang mit der Wagendarstellung auf dem Stein von Solaña de Cabanas. Das prähistorische Verbreitungsgebiet dieses Wagentyps und seine regionale Zeitstellung stimmt im wesentlichen[442] mit den verschiedenen Expansionsrichtungen der Urnenfelderkultur überein[443].

Zwischen den Ausbreitungsgebieten der Variationstypen D I, 2 und D II, 2 scheint kein kausaler Zusammenhang zu bestehen, sondern sie sind als singuläre Entwicklungen in der Berührungszone von Typ D mit Typ C anzusehen.

3. 3. Zweirädriger Wagen mit Stangendeichsel

Der zweirädrige Wagen mit Stangendeichsel stellt einen der beiden Entwicklungstypen des zweirädrigen Landfahrzeuges dar und ist sachtypologisch aus der Jochschleife herzuleiten. Die sachgeographische Verbreitung der konstruktiven Vorform B, 0 wurde bereits im Zusammenhang mit der Entstehungsproblematik des Landfahrzeuges aufgezeigt[444].

3. 3. 1. Grundtyp B

Der Grundtyp B ist durch seine trianguläre Gestellkonstruktion bzw. deren Herleitung aus der Jochschleife und durch seine Zugkonstruktion für eine paarige Anspannungsweise definiert. Die Bestimmung der zugehörigen Variationstypen ergibt sich aus speziellen Konstruktionsmerkmalen dieses Grundtyps.

(1) Frühzeitliche Verbreitung[445]

Das früheste Verbreitungsgebiet dieses Wagentyps wurde in seinen Umrissen bereits bei der Darstellung der sachprojektiven Zusammenhänge aufgezeigt[446]. Da die Variationstypen von B eine wesentlich eigenständigere Funktion aufweisen als die Variationstypen von A und D[447], verlangt auch ihre Darstellung eine sehr viel intensivere Behandlung, so daß sich die Verbreitungsangaben des Grundtyps B aus denen seiner Variationstypen zusammensetzen.

(2) Neuzeitliche Verbreitung

Die neuzeitliche Verbreitung des Grundtyps B wird darstellungsmäßig wie im frühzeitlichen Abschnitt behandelt und ergibt sich aus den Verbreitungsgebieten der Variationstypen B, 1; B I, 2 und B II, 2.

3.3.2. Variationstypen

Die Variationstypen des zweirädrigen Wagens mit Stangendeichsel ergeben sich aus speziellen Merkmalen der Gestellkonstruktion und der damit verbundenen Rad-Achsen-Konstruktion sowie der Anspannungsvorrichtung.

(1) Variationstyp B, 1

Die Definition des Variationstyps B, 1 umfaßt den zweirädrigen Wagen mit Jochschleifengestell für eine paarige Anspannungsweise (Jochschleifenwagen).

(11) Frühzeitliche Verbreitung[448]

Aus dem archäologischen Material scheinen die Felszeichnungen von Los Buitres (Spanien) den einzigen Beleg[449] für den Variationstyp B, 1 darzustellen[450]. Die Datierung dieser Darstellungen ist nicht genügend gesichert; gewöhnlich werden sie als kupferzeitlich um 2000 v. Chr. angesehen[451]. CHILDE[452] wendet dagegen jedoch ein, daß keine Gründe für diese Zeitstellung stichhaltig genug sind und sie letztlich nicht älter als der Stein von Solaña de Cabanas zu sein brauchen. Die Darstellungsweise ist sehr unklar, da sowohl eine Zugvorrichtung wie auch Zugtiere fehlen, so daß insgesamt diese Felszeichnungen nur mit den notwendigen Vorbehalten als frühzeitlicher Beleg für den Variationstyp B, 1 anzusehen sind.

Da jedoch die sachtypologische Betrachtung diesen Variationstyp als notwendige Zwischenstufe für die Entwicklung des zweirädrigen Wagens mit Stangendeichsel erkannte, ist die Annahme berechtigt, daß der Typ B, 1 in prähistorischer und früher historischer Zeit im sekundären Entwicklungsraum des Landfahrzeuges verbreitet war.

(12) Neuzeitliche Verbreitung[453]

Die neuzeitliche Verbreitung des Variationstyps B, 1 umfaßt die folgenden Gebiete:

- Indien[454], Persien[455], Südkaukasus[456] und Anatolien[457]. Innerhalb dieser Gebiete waren nur punktuelle Belege festzustellen, die aber sehr wahrscheinlich ein größeres und geschlossenes Vorkommensgebiet repräsentieren, obwohl für diese Vermutung keine Angaben aus der Literatur zu erhalten sind.
- Kalabrien (Italien): SCHEUERMEIER bezeichnet diesen Variationstyp als "Gabelwagen"; vereinzelte Belege lassen auf eine "einstige größere Verbreitung des Gabelwagens auch in Mittel- und Oberitalien"[458] schließen.
- Sardinien: In diesem Gebiet ist der Variationstyp als sehr häufiger Wagen belegt[459].
- Spanien: Innerhalb der iberischen Halbinsel ist dieser Wagentyp auf Nordwestspanien und Nordportugal begrenzt[460].
- Frankreich: Hier ist dieser zweirädrige Wagentyp auf kleinere Gebiete in Landes, Lyonnais und Morvan begrenzt[461].

KOTHE[462] nennt noch Irland, Schweden und Finnland als Verbreitungsgebiete dieses Variationstyps. Jedoch handelt es sich in diesen Fällen um eine Gestellkonstruktion, die nicht aus der Jochschleife hervorgegangen ist und somit als Vorderwagen des Kombinationstyps D aufzufassen ist[463].

(2) Variationstyp B I, 2

Der Variationstyp B I, 2 geht von einer triangulären Gestellkonstruktion aus, an deren Spitze jedoch keine Zugvorrichtung (wie beim Jochschleifenwagen), sondern ein drittes Rad angebracht ist. Die Definition dieses Variationstyps umfaßt somit den dreirädrigen Wagen mit Jochschleifengestell für eine meist einspännige Zugweise (Tandemzug bei mehreren Zugtieren).

(21) Frühzeitliche Verbreitung[464]

Aus dem archäologischen Material ist der Grabfund von Adiaman am Südwestufer des Sevansees (Armenien)[465] zu nennen, wobei die Fundumstände lediglich die Rekonstruktion eines dreieckigen Wagenbodens mit großer Sicherheit zulassen, jedoch nicht ohne Bedenken aus dem mitgefundenen dritten Rad dessen Dreirädrigkeit erschlossen werden kann. Datiert wird dieser Fund in das frühe 1. Jt. v. Chr.[466]. OFFORD[467] schließt aus dem Bericht von Homer, daß im griechischen Bereich ein dreirädriges Fahrzeug bekannt gewesen sei. Einen Literaturbeleg für einen dreirädrigen Wagen führt auch PRAUSNITZ[468] aus der Rigweda an. Diese Angaben sind sehr unbestimmt und können nur mit der notwendigen Vorsicht in die frühzeitliche Belegreihe aufgenommen werden.

(22) Neuzeitliche Verbreitung[469]

Die neuzeitliche Verbreitung des Variationstyps B I, 2 umfaßt die folgenden Gebiete:

Nordwestdeutschland[470]
Niederlande[471]
Belgien[472]
England[473]
Nordschottland und Hebriden[474]

In diesen Gebieten nimmt der dreirädrige Wagen mit Ausnahme von Groningen und Overijssel (Niederlande)[475] eine nebengeordnete Stellung zum zwei- oder vierrädrigen Wagen ein und wird meistens für einen kurzstreckigen Transport kleinerer Gütermengen benutzt.

(3) Variationstyp B II, 2

Bei dem Variationstyp B II, 2 ist die trianguläre Zugkonstruktion, wie sie noch der Jochschleifenwagen B, 1 aufweist, durch eine Stangendeichsel ersetzt. Diese sachtypologische Umwandlung steht offensichtlich mit dem Zugseil am parallel-kufigen Flachschlitten in Zusammenhang. Die Definition dieses Variationstyps umfaßt somit den zweirädrigen Wagen mit Stangendeichsel für eine paarige Anspannungsweise.

Bei der sachgeographischen Untersuchung ist zu berücksichtigen, daß dieser Variationstyp in zwei verschiedenen Funktionsbereichen auftritt:

- im militärischen Bereich als Streitwagen (Rennwagen);
- im transportwirtschaftlichem Bereich als Lastwagen.

Dieser nutzungsbedingten Zweiteilung entspricht aber nur im großen und ganzen auch die chronologische Zuordnung zum frühzeitlichen und neuzeitlichen Abschnitt[476].

(31) Frühzeitliche Verbreitung[477]

Das früheste Verbreitungsgebiet dieses Wagentyps wurde in seinen Umrissen bereits bei der Darstellung der sachprojektiven Zusammenhänge aufgezeigt[478]; die Funktion lag dabei im wesentlichen im Lasttransport.

Die Funktionsänderung zu dem militärisch-taktisch genutzten Streitwagen ist wesentlich durch die folgenden Komponenten bedingt:

- Entwicklung des Speichenrades[479]
- Pferd als Zugtier[480]
- Zugtierbeherrschung durch Kappzaum und Trense[481]

Diese neuartige Verwendungsweise bedingt jedoch nicht diese konstruktiven Entwicklungen, sondern benutzt sie lediglich als Voraussetzungen. Diese Bedingungsverhältnisse ergeben sich aus der Tatsache, daß dieser Wagentyp schon vor der Funktionsänderung im sekundären Entwicklungsgebiet bis auf das Speichenrad voll ausgebildet vorhanden war.

Das Verbreitungsgebiet des Streitwagens kann nur in einer groben chronologischen Übersicht aufgezeigt werden. Eine eingehendere Untersuchung würde Aufgabe und Zielsetzung dieser Darstellung überschreiten[482] und muß einer speziellen, zusammenfassenden Arbeit vorbehalten bleiben.

Die regional frühesten Belege für den Streitwagen finden sich in den folgenden Gebieten[483]:

- östliches Kleinasien (mitannisches Rollsiegel: 1750-1500 v. Chr.)[484]
- Nordsyrien (Rollsiegel: um 1700 v. Chr.)
- Palästina (Goldschale von Ugarit: um 1700 v. Chr.)
- Südmesopotamien (babylonisches Rollsiegel: um 1550 v. Chr.)
- Ägypten (Schriftzeichen: Skarabäus Thutmosis I; Grabrelief

Users; Thebener Wagen als Originalfund: um 1550 v. Chr.)
- Kreta (Schriftzeichen für den Streitwagen auf der Tafel von Tylissos: um 1550 v. Chr.)
- Griechenland (Darstellungen aus mykenischen Schachtgräbern: Grabstele, Goldring, Silberbecher; Sardonyx von Vaphio: um 1550 v. Chr.)
- Balkan (Wagenfunde: um 1400 v. Chr.)
- Nordeuropa (Zeichnung auf der Grabplatte 7 von Kivik: um 1200 v. Chr.)
- Iran (Rollsiegel aus Tepe Sialk: um 1200 v. Chr.)
- Indien (literarische Belege aus der Rigweda: um 1200 v. Chr.)
- Nordafrika (Felszeichnungen: um 1200 v. Chr.)
- China (Streitwagenbestattungen, Schriftzeichen: um 1100 v. Chr.)[485]
- Nordostkaukasien (Zeichnung auf der Grabplatte von Berekej: um 1000 v. Chr.)
- Italien (mittelitalische Wagenfunde: um 600 v. Chr.)[486]
- Irland, England, Nord- und Ostfrankreich, Süddeutschland[487], Österreich (Wagenreste in Gräbern: um 500 v. Chr.)

Aus dieser Belegreihe ist die Formentwicklung des Streitwagens zu erkennen:

(1) der Streitwagen des 2. Jts. v. Chr. zeigt ohne Ausnahme Speichenräder:

(11) bis etwa 1400 v. Chr. durchweg mit 4 Speichen;
(12) ab 1400 v. Chr. in Vorderasien und Ägypten mit 6 Speichen;
(13) ab 900 v. Chr. in Syrien und Assyrien mit 8, 12 oder 13 Speichen;

(2) der Streitwagenkasten scheint im 2. Jt. v. Chr. durchgängig eine vorne leicht abgerundete Form aufzuweisen; erst im 8. Jh. v. Chr. benutzten die Assyrer eine viereckige Kastenform;

(3) die Radachse zeigt zwei Befestigungsmöglichkeiten:

(31) bis etwa 1400 v. Chr. zentrale Lagerung des Wagenkastens in Vorderasien, Ägypten, Cypern, Kreta und Mykenä;
(32) ab 1400 v. Chr. vorgerückte Lagerung des Wagenkastens;

(4) die Stangendeichsel wird ohne Ausnahme als einzigste Zugvorrichtung benutzt; der früheste Beleg für eine Oberdeichsel stammt aus Kreta (um 1500 v. Chr.) und scheint von dort auf das griechische Festland überzugehen, während sie im vorderasiatischen Raum erst im 9. Jh. v. Chr. in Assyrien auftritt.

Diese Entwicklungstendenzen sind im wesentlichen durch die technischen Bemühungen um eine Leistungssteigerung des Streitwagens bestimmt.

(32) Neuzeitliche Verbreitung[488]

Die neuzeitliche Verbreitung des Variationstyps B II, 2 umfaßt die folgenden Gebiete:

Südwestfrankreich[489]
Spanien, Portugal[490]
Italien, Korsika, Sardinien, Sizilien[491]
Dalmatien[492]
Albanien[493]
Makedonien, Thessalien[494]
Ägäis[495]
Ukraine[496]
Kaukasus[497]
Cypern[498]
Kleinasien[499]
Syrien, Palästina[500]
Iran, Afghanistan, Vorder- und Hinterindien[501]

3. 3. 3. Entwicklungsverlauf

Die sachtypologisch-kartographische Untersuchung konnte den sekundären Entwicklungsraum als das Ursprungsgebiet des Grundtyps B und seine Herleitung aus der Jochschleife erweisen[502].

Der Variationstyp B, 1 steht in sachtypologischer Hinsicht der Jochschleife am nächsten und bildet eine notwendige Zwischenstufe für die Entwicklung des zweirädrigen Wagens mit Stangendeichsel, so daß die Annahme seiner Entstehung und frühzeitlichen Verbreitung im sekundären Entwicklungsraum des Landfahrzeuges gerechtfertigt erscheint. Das neuzeitliche Vorkommen liegt:

(1) im ursprünglichen Bereich des sekundären Entwicklungsraumes und ist somit als bodenständige Relikterscheinung zu deuten;

(2) in den Randzonen der ehemaligen Verbreitung der Jochschleife und bietet zwei Deutungsmöglichkeiten:

(21) als Relikterscheinung, wenn die Annahme berechtigt ist, daß dieser Variationstyp schon durch frühe Ausbreitungsschübe [503] in Europa anzutreffen war; gestützt wird diese Vermutung durch die europäische Verbreitung des nahestehenden dreirädrigen Wagentyps, mit dem er zusammen einen wesentlichen Teil des süd- und westeuropäischen Jochschleifenvorkommens besetzt, so daß zu Recht auf ein ehemals größeres Verbreitungsgebiet zu schließen ist, das dann spätestens in der zweiten Hälfte des 2. Jts. v. Chr. bestand;

(22) als Umformungserscheinung, wenn die Annahme gemacht wird, daß dieser Variationstyp aus einer jüngeren Umbildung der Jochschleife hervorgegangen ist; gestützt wird diese Vermutung durch das Fehlen historischer Belege und die noch gegenwärtige Benutzung der Jochschleife in diesen Gebieten, so daß zu Recht auf eine neuzeitliche Entstehung des Wagentyps B, 1 zu schließen ist.

Eine Entscheidung ist auf Grund der augenblicklichen Untersuchungsstufe nicht möglich.

Der Variationstyp B I, 2 ist konstruktiv mit B, 1 gleichzusetzen. Die Hinzunahme eines dritten vorderen Rades führt zu keinen Änderungen der Gestellkonstruktion oder des Aufbaues gegenüber dem zweirädrigen Jochschleifenwagen B, 1. Das heute geschlossene Verbreitungsgebiet läßt darauf schließen, daß in diesem geographischen Bereich auch die Entstehung dieses Wagentyps anzunehmen ist. Der Anstoß zu einer derartigen Entwicklung ist in den folgenden Verhältnissen zu suchen:

(1) In dem Vorteil eines stabilen Gleichgewichtes; in diesem Falle ist eine konstruktive Einwirkung des vierrädrigen Wagens mit Langbaumverbindung anzunehmen und mit einer untersten Entstehungszeit in der ersten Hälfte des 1. Jts. v. Chr. zu rechnen.

(2) In der Abhängigkeit von einem geeigneten Zugtier; in diesem Falle ist die konstruktive Änderung auf den Zugeinsatz des Pferdes zurückzuführen, das durch seinen schwächer ausgebildeten Widerrist nicht in der Lage war, den als ursprüngliche Vorstufe vorausgesetzten Jochschleifenwagen B, 1[504] in gleicher Weise wie das Rind zu ziehen. Diese Annahme wird durch zwei Tatsachen gestützt:

(21) Durch die räumliche Nähe des heutigen Verbreitungsgebietes des dreirädrigen Wagens zu einem älteren Vorkommensbereich des zweirädrigen Wagens mit ursprünglicher Stangendeichsel (Niederrhein)[505], so daß die Annahme berechtigt erscheint, daß auch das heutige Verbreitungsgebiet ursprünglich zu diesem Bereich gehörte;
(22) Durch die regional unterschiedliche Verwendung des Zugpferdes, die in dem deutschen Gebiet in der Süd-Nord-Richtung zunimmt[506], so daß mit einem relevanten Einfluß des Zugpferdes auf die konstruktive Anpassung des Wagentyps zu rechnen ist[507].

Wenn diese Entwicklungsreihe zu Recht angenommen wird, dann bieten sich für eine Bestimmung der Entstehungszeit zwei Ansätze:

(1) Das Pferd als Zugtier des zweirädrigen Wagens ist in Mittel- und Nordeuropa erst in der Bronzezeit nachzuweisen. Jedoch wird es nicht "als Arbeitstier im eigentlichen Sinne ... gebraucht"[508], so daß eine frühe Datierung für die Entstehung des Variationstyps B I, 2 abzulehnen ist.

(2) Eine allgemeine wirtschaftliche Nutzung des Zugpferdes ist in Mittel- und Nordeuropa relativ jung[509], so daß die Entwicklung des dreirädrigen Wagentyps in den Zeitraum um das 10. Jh. n. Chr. anzusetzen ist.

Das Entstehungsgebiet des Variationstyps B II, 2 mit einem Scheibenradpaar konnte im sekundären Entwicklungsraum festgelegt werden[510], wo er in erster Linie zum Lasttransport benutzt wurde.

Die funktionale Änderung dieses Wagentyps zum Streitwagen ist auf Grund der chronologischen Vorrangstellung im Gebiet des oberen Euphrats (im Grenzraum zwischen Kleinasien, Syrien, Mesopotamien und Transkaukasien) zu bestimmen[511]. Dieses Ergebnis wird durch die folgenden Punkte gestützt:

(1) Die räumliche Nähe zum mesopotamischen Gebiet, in dem schon zeitlich früher:

(11) ein zweirädriger Wagentyp mit Scheibenrädern zur Personenbeförderung bestand[512], der in seiner Konstruktionsart aber schwerlich eine sachtypologische Entwicklungsverbindung zum späteren zweirädrigen Streitwagen mit kastenförmigem Aufbau aufweist;
(12) ein vierrädriger Wagentyp mit Scheibenrädern, der für Kampf- oder Jagdzwecke benutzt wurde[513], so daß hier der Ausgangspunkt für eine solche funktionale Verwendung des Landfahrzeuges zu suchen ist.

(2) Die frühesten Belege (Beginn des 2. Jts. v. Chr.) von Speichenrädern in diesem Gebiet, die zunächst jedoch nur am vierrädrigen Wagentyp auftreten[514].

(3) Die Lage des Entstehungsraumes in der Berührungszone zwischen einem südlichen Verbreitungsgebiet des vierrädrigen Wagens und einem nördlich davon gebrauchten zweirädrigen Wagentyps[515], der die konstruktiven Voraussetzungen für eine leistungsfähigere Personenbeförderung besaß, da der kastenförmige Aufbau für diesen Verwendungszweck geeigneter erscheint.

(4) Die Lage des Entstehungsraumes in dem natürlichen Vorkommensbereich der wichtigsten Holzarten für die Herstellung des Speichenrades, der Gestell- und Zugkonstruktion[516].

(5) Die frühesten Hinweise (Beginn des 2. Jts. v. Chr.) auf eine Zugnutzung des Pferdes in diesem Gebiet[517].

(6) Die Entstehung und Entwicklung eines leistungsfähigen Zaumzeuges (Kappzaum und Trense, um 1600 v. Chr.) in diesem Gebiet [518].

"... so wird rein material-, herstellungs- und transportbedingt die Herkunft des formvollendeten, auf das höchste zweckspezialisierten Streitwagens aus der mesopotamisch-nordsyrisch-ostkleinasiatischen Bergzone wirtschaftsgeschichtlich aufgehellt, es wird ihm der Schein des unvermittelten Auftretens und auswärtigen Ursprungs genommen, und seine genetische Zugehörigkeit zum Alten Orient erscheint historisch glaubhaft. Freilich, die Frage nach den Kräften des letzten Ruckes zur Erreichung vollendeter Zweckentsprechung bleibt hierbei offen"[519].

Von diesem Entstehungsraum ausgehend sind zwei frühe kontinuierliche Ausbreitungsrichtungen des Streitwagens[520] zu unterscheiden:

(1) nach Südmesopotamien, Iran, Indien bis China;
(2) nach Westsyrien, Palästina bis Ägypten und von hier aus vermutlich nach Kreta, wo der Streitwagen nach Griechenland übernommen wird (vielleicht auch direkt aus Ägypten entlehnt).

Zu einem sekundären Ausbreitungszentrum für den Streitwagen wird der ägäische Raum:

(1) von Griechenland ausgehend scheint der Streitwagen sich durch den mittleren Donauraum bis nach Nordeuropa (Südschweden) ausgebreitet zu haben; ebenfalls von Griechenland gehen spätere Einwirkungen auf Italien und möglicherweise bis zur iberischen Halbinsel weiter;

(2) von Kreta ausgehend ist das nordafrikanische Gebiet im wesentlichen beeinflußt worden.

Die Verbreitungslinien können hier nur in groben Zügen aufgezeigt werden. Eine genaue Belegung der verschiedenen Ausbreitungsrichtungen muß einer speziellen Darstellung vorbehalten bleiben. Eine Untersuchung des militärisch-taktischen Gesamtgefüges der einzelnen Gebiete wird vielleicht zu einer Klärung derjenigen Belege führen, die bisher noch gewisse Einordnungsschwierigkeiten (z.B. China) bieten. Hierdurch wird sich wohl die militärische Notwendigkeit und Brauchbarkeit als wesentlicher Faktor für eine Deutung chronologischer Differenzen erweisen, sofern diese nicht durch Lücken im archäologischen Forschungsstand bedingt sind.

Das neuzeitliche Verbreitungsgebiet des zweirädrigen Wagens mit Stangendeichsel (B II, 2) zeigt gegenüber dem frühzeitlichen Vorkommen eine beträchtliche Einschränkung auf den mediterranen und vorderasiatischen Raum[521]. Jedoch ist das neuzeitlich kleinere Verbreitungsgebiet des Variationstyps B II, 2 nicht als eine eigentliche Zurückdrängung aufzufassen, sondern vielmehr im Sinne einer konstruktiven Neuformung zu deuten, da in sachtypologischer Sicht der zweirädrige Wagen mit Stangendeichsel (B II, 2) eine notwendige Voraussetzung für den vierrädrigen Wagen mit Langbaumverbindung (D) bildet. Der Vergleich des frühzeitlichen und des neuzeitlichen Vorkommens zeigt somit Beharrungs- und Entwicklungsmöglichkeiten des zweirädrigen Wagentyps B II, 2:

(1) Der mediterrane und vorderasiatische Beharrungsraum bewahrte den Variationstyp B II, 2 im wesentlichen in seiner ursprünglichen Form. Lediglich eine erneute Funktionsänderung erfolgte, als die militärische Bedeutung des Streitwagens durch die Reiterei abgelöst wurde[522].

(2) Der zentraleuropäische Entwicklungsraum veränderte den Variationstyp B II, 2 durch Kombination zu dem vierrädrigen Wagen mit Langbaumverbindung (D).

Die Berechtigung für eine solche sachtypologische Betrachtungsweise wird dadurch gegeben und bestätigt, daß die neuzeitlichen Verbreitungsgebiete des zweirädrigen Wagens mit Stangendeichsel (B II, 2) und des vierrädrigen Wagens mit Langbaumverbindung (D) sich im wesentlichen zu dem frühzeitlichen Vorkommensbereich des Streitwagens zusammenfügen[523]. Die bestehenden Ausnahmen sind in der folgenden Weise zu begründen und zu deuten:

(1) Das nordkaukasische, südostrussische und mittelasiatische Gebiet benutzt heute den zweirädrigen Wagen mit Gabeldeichsel, woraus zu schließen ist, daß hier lediglich eine Änderung der Anspannungsvorrichtung vorliegt, die durch die räumliche Nähe zum Entstehungsbereich der Gabeldeichsel erklärt wird.

(2) Das nordafrikanische Gebiet benutzt heute das Tragtier als ausschließliches Transportmittel[524], wobei diese Entwicklung von den Änderungen in Vegetation und Klima abhängig ist.

(3) Der verbleibende Teil des westeuropäischen Gebietes benutzt heute den zweirädrigen Wagen mit Gabeldeichsel, woraus zu schließen ist, daß eine ähnliche Entwicklung wie unter (1) vorliegt, die hier allerdings durch den Zugeinsatz des Pferdes bedingt wurde. Gleichzeitig ist in diesem Gebiet mit einer Expansion des vierrädrigen Wagens mit Langbaumverbindung (D) zu rechnen, die das neuzeitliche Gebiet des zweirädrigen Wagens am Mittel- und Niederrhein und des dreirädrigen Wagens in der

Niederlande und in Nordwestdeutschland als Reliktzonen bestimmt [525]. Karte 18 stellt die Rekonstruktion der Typengrenze zwischen dem zweirädrigen Wagen mit Stangendeichsel (B II, 2) und dem vierrädrigen Wagen mit Langbaumverbindung (D) im Zeitraum um das 6. Jh. v. Chr. dar[526].

Die gebietsmäßige Einschränkung des zweirädrigen Wagens mit Stangendeichsel (B II, 2) ist somit nur im geringen Maße durch die Expansion anderer Wagentypen bestimmt, sondern im wesentlichen durch die konstruktiven Umbildungen zu dem vierrädrigen Wagen mit Langbaumverbindung (B) und dem zweirädrigen Wagen mit Gabeldeichsel (C, 1).

Aus dieser sachtypologisch-geographischen Untersuchung ist zu erkennen, daß im europäischen Raum zwei zeitlich verschiedene Schichten des Landfahrzeuges zu unterscheiden sind, die in direkter oder indirekter sachtypologischer Beziehung zum Grundtyp B stehen:

(1) Eine ältere Sachschicht, die durch die Reliktgebiete des zweirädrigen Wagens mit Jochschleifengestell (B, 1) und des sachtypologisch nahestehenden dreirädrigen Wagens (B I, 2) belegt wird [527], und als Sachübernahme zu deuten sind, deren Datierungsversuch in die Mitte des 2. Jts. v. Chr. weist.

(2) Eine jüngere Sachschicht, die durch die Verbreitungsgebiete des zweirädrigen Wagens mit Stangendeichsel (B II, 2) und des vierrädrigen Wagens mit Langbaumverbindung (D) repräsentiert wird und als Sachübernahme mit einer funktionalen Änderung oder konstruktiven Umformung des Streitwagentyps zu deuten ist, wobei dieser Entwicklungsprozeß in den Zeitraum um 1000 v. Chr. zu datieren ist.

3.4. Zweirädriger Wagen mit Gabeldeichsel

Der zweirädrige Wagen mit Gabeldeichsel stellt neben dem gleichartigen Typ mit Stangendeichsel den zweiten Entwicklungstyp des zweirädrigen Landfahrzeuges dar und ist sachtypologisch aus der Femerschleife herzuleiten. Die sachgeographische Verbreitung der konstruktiven Vorform C, 0 wurde bereits im Zusammenhang mit der Entstehungsproblematik des Landfahrzeuges aufgezeigt[528].

3.4.1. Grundtyp C

Der zweirädrige Wagen mit Stangendeichsel verfügt über eine nur sehr geringe Varianzbreite, so daß keine Variationstypen zu unterscheiden sind. Der Grundtyp C ist durch die parallellaufende Gestellkonstruktion und ihre gleichartige Fortsetzung in der Zugkonstruktion definiert. Die Gabeldeichsel ermöglicht prinzipiell nur eine einspännige Zugweise, jedoch können mehrere Zugtiere in der Form eines Tandemzuges angespannt werden.

(1) Frühzeitliche Verbreitung[529]

Das früheste Verbreitungsgebiet dieses Wagentyps wurde in seinen Umrissen bereits bei der Darstellung der sachprojektiven Zusammenhänge aufgezeigt[530].

Ein frühes historisches Vorkommen des Grundtyps C ist nur für den südchinesischen Raum zu belegen[531], das bis in das 2. Jh. v. Chr. nachweisbar ist. Die Kontinuität dieses zweirädrigen Wagentyps im südsibirischen Gebiet und im nordöstlichen Teil Mittelasiens ist aus der späteren Expansionskraft berechtigterweise zu folgern, wobei jedoch eine schon vorchristliche Verbreitung bis in den südostrussischen Raum anzunehmen, aber bisher nicht zu beweisen ist.

Ein historisches Verbreitungsgebiet ist für den zentraleuropäischen Raum mit Hilfe der mittelalterlichen Bilddokumente erst vom Ende des 12. Jhs. n. Chr. ab zu belegen[532]. Quellenbedingt ist nur ein Nachweis für:

Süddeutschland
Nord- und Ostfrankreich
Niederlande
Südengland

zu erbringen, wobei es für die Entwicklungsrichtung bemerkenswert bleibt, daß erst aus dem Anfang des 14. Jh. n. Chr. (1317) Belege für die Gabeldeichsel am vierrädrigen Wagentyp zu finden sind, während sie vom Ende des 12. Jhs. n. Chr. bis zu diesem Zeitraum ausschließlich am zweirädrigen Wagen benutzt wurden.

(2) Neuzeitliche Verbreitung[533]

Die neuzeitliche Verbreitung des Grundtyps C umfaßt die folgenden Gebiete:

Island[534]
Norwegen[535]
Schweden[536]
Südfinnland[537]
Karelien[538]
Ingermanland[539]
Großrußland[540]
Irland[541]
Schottland[542]
England[543]
Dänemark[544]
Norddeutschland, Rheingebiet, Süddeutschland[545]
Niederlande[546]
Belgien[547]
Frankreich[548]
Schweiz[549]
Nordostspanien[550]

In Italien wird der zweirädrige Wagentyp mit Gabeldeichsel besonders von den Fuhrleuten benutzt, so daß es sich offenbar um kein eigenständiges Sachgut handelt, sondern er ist erst später und auch nur vereinzelt in den landwirtschaftlichen Bereich übernommen worden[551].

Das größte und geschlossenste Verbreitungsgebiet besitzt der zweirädrige Wagen mit Gabeldeichsel jedoch im asiatischen Raum, den er in seinen zentralen Bereichen als einziges Transportmittel beherrscht:

Südostrußland[552]
Kasakstan
Mittelasien[553]
Südsibirien
Turkestan
Nordchina[554]
Mongolei[555]
Mandschurei[556]
Korea
Formosa
Philippinen[557]

3.4.2. Entwicklungsverlauf

Die sachtypologisch-geographische Untersuchung konnte den tertiären Entwicklungsraum als das Entstehungsgebiet des Grundtyps C und seine Herleitung aus der Femerschleife erweisen[558].

Zwei frühe Ausbreitungsrichtungen sind für diesen zweirädrigen Wagentyp zu erkennen:

(1) über den mittelasiatischen Steppenraum in die mediterranen Randgebiete[559], wobei die ursprünglich für ein einziges Zugtier entwickelte Gabeldeichsel in dem Gebiet der Jochanspannung zu einer doppelten Stangendeichsel für vier Zugtiere umgeformt wird;

(2) in den südchinesischen Raum, wobei die Gabeldeichsel in ihrer ursprünglichen Funktion einer Einzelanspannung erhalten bleibt.

Auf eine Kontinuität dieses Wagentyps im Entstehungsgebiet und im südchinesischen Raum ist aus der späteren Expansionskraft zu schließen und aus dem gleichen Grunde scheint auch die Annahme berechtigt, daß die Gabeldeichsel als Zugvorrichtung schon vor ihrer europäischen Ausbreitung im mittelasiatischen und südostrussischen Gebiet allgemein benutzt wurde. Da in diesem Raum der zweirädrige Wagen mit Stangendeichsel vorhanden war, ist nicht mit der Sachübernahme des gesamten Wagentyps zu rechnen, sondern lediglich mit einer Übertragung der Zugkonstruktion, die mit der Verwendung des Pferdes auf das engste verbunden war.

Die europäische Verbreitung des zweirädrigen Wagens mit Gabeldeichsel ist frühestens durch die mittelalterlichen Bilddokumente zu erfassen[560]. Die Ausbreitungsrichtung ist aber bisher durch keine gesicherten Belege zu erkennen, so daß nur eine indirekte Schlußfolgerung zu Aussagen führen kann. Ein erster Ansatzpunkt geht von der Bedeutung der Gabeldeichsel aus, die eine neuartige Zugkonstruktion darstellt, mit der auch eine neue Anschirrung in Form eines Kummets (Hamen, Sielen) verbunden war. Die frühesten Belege zeigen deutlich die anfängliche Bindung der Gabeldeichsel allein an den zweirädrigen Wagentyp, so daß aus diesem Zusammenhang zu folgern ist:

(1) das europäische Vorkommen der Gabeldeichsel stellt keine autochtone Entwicklung dar, sondern ist als eine Sachübernahme zu deuten;

(2) als Entlehnungsgebiet muß der südostrussische Raum angesehen werden, da die sachhistorische Untersuchung hier das dem europäischen Vorkommen räumlich nächstliegende Verbreitungsgebiet bestimmen konnte;

(3) der Expansionsweg ist im frühzeitlichen Bereich des zweirädrigen Wagens mit Stangendeichsel zu suchen.

Aus diesen Verhältnissen ist zu schließen, daß als Ausbreitungsrichtung nur das nordrussisch-skandinavische Gebiet in Betracht kommt. In diesem Zusammenhang gewinnen zwei Deutungen eine besondere Beachtung:

(1) STREUBEL[561] glaubt in einer Darstellung aus dem Osebergfund (9. Jh. n. Chr.) eine Gabeldeichsel erkennen zu können;

(2) GRAND[562] vermutet in den Normannen die Vermittler der neuartigen Zugkonstruktion für das nordfranzösische Gebiet.

Für diesen peripheren Weg um den Vorkommensbereich des vierrädrigen Wagentyps mit Langbaumverbindung spricht auch die zeitliche Vorrangstellung der nordfranzösischen Belege gegenüber den süddeutschen Nachweisen, so daß mit großer Wahrscheinlichkeit die Ausbreitungsrichtung der Gabeldeichsel im nördlichen und nicht im südlichen Gebiet anzusetzen ist.

Die Bedeutung dieser neuartigen Zugkonstruktion und Anschirrungsart besonders für das Pferd als Zugtier ist in ihrer Übertragung auf den vierrädrigen Wagentyp mit Langbaumverbindung und seiner paarigen Anspannungsart zu erkennen, die in zwei Schritten erfolgte:

(1) die Zugvorrichtung aus einer Stangendeichsel und zwei Zugstangen, die gewöhnlich an der Nabe der Vorderräder ansetzen, zeigt deutlich die konstruktive Übertragung der Anschirrungsverhältnisse, wie sie an dem zweirädrigen Wagen mit Gabeldeichsel bestanden[563];

(2) die Ersetzung der Zugstangen durch Seil-oder Kettenverbindungen.

Da die europäische Ausbreitung des zweirädrigen Wagens mit Gabeldeichsel im wesentlichen von dem Zugeinsatz des Pferdes gefordert und bestimmt wurde, ist einerseits eine Datierung in den Zeitraum um das 10. Jh. n. Chr. möglich und andererseits die Annahme berechtigt, daß es sich bei dieser Ausbreitung nicht um die Übernahme des gesamten Wagentyps handelte, sondern lediglich eine Übertragung der andersartigen Zugkonstruktion auf den schon im westeuropäischen Raum vorhandenen zweirädrigen Wagen mit Stangendeichsel anzunehmen ist. Erst nach diesem Entwicklungsschritt findet auch eine konstruktive Übertragung auf die paarige Zugweise (Stangendeichsel) am vierrädrigen Wagen statt.

Auf der Grundlage der sachtypologischen Einteilung wurde der Versuch unternommen, die frühzeitlichen und neuzeitlichen Verbreitungsgebiete der einzelnen Entwicklungs- und Kombinationstypen sowie ihrer jeweiligen Variationstypen aufzuzeigen. Um in diesem Untersuchungsbereich zu einer übersichtlichen Darstellung zu gelangen, wurde vor allem die Sachkartierung als Demonstrationsmittel angewandt. Diese problemorientierte Aufbereitungsform läßt erkennen, daß auf dem gegenwärtigen Forschungsstand nur eine umrißhafte Verbreitungsskizze für die einzelnen Typen der Landfahrzeuge zu erreichen ist, da eine vollständige Aufarbeitung der vorhandenen Materialfülle nicht möglich ist. Diese synchronen früh- und neuzeitlichen Verbreitungsflächen werden mit Hilfe des sachprojektiven Verfahrens verbunden, um somit zu Aussagen über die einzelnen sachtypischen Entwicklungsverläufe zu gelangen. Da diese Zeitschnitte einen relativ großen Abstand aufweisen, führt diese Untersuchung lediglich zu einer aufrißartigen Darstellung der Sachgeschichte.

4. Perspektivische Ergebnisse

Bei der Beurteilung der Ergebnisse ist die Zielsetzung dieser sachtypologischen Darstellung zu berücksichtigen, die weitgehend von der übergeordneten Aufgabenstellung der Gesamtuntersuchung mitbestimmt ist.

Auf der Grundlage der sachtypologischen, sachkartographischen und sachprojektiven Verfahrensweise wurde versucht, die Entstehungsfrage des Landfahrzeuges in schrittweisen Untersuchungsabschnitten zu erörtern, um mit diesem methodischen Verfahren zu einer differenzierteren Betrachtung und Darstellung des gesamten Problembereiches zu gelangen. Diese Behandlungsart verlangt eine explizite Darlegung der Voraussetzungen und Folgerungen und ermöglicht somit eine grundsätzliche Nachprüfbarkeit der Argumentationsreihen, mit der eine weitgehende Objektivierung des gesamten Problemkreises verbunden ist.

Die vorausgesetzte und grundlegende Annahme für die gesamte Untersuchung des frühen Entwicklungsprozesses besteht darin, daß die Entstehung des Landfahrzeuges als eine Kombination von vorausbestehenden Bauelementen angesehen wird. Diese Kombinationsteile werden als Vorformen definiert, die auf Grund von konstruktiven und/oder funktionalen Ähnlichkeiten aus dem sachkulturellen Gesamtgefüge ausgewählt werden. Diese Vorformen bilden die methodische Ausgangsbasis für die sachtypologische Behandlung der Entstehungsfrage. Obwohl einige dieser möglichen Vorformen durch ihre Zeitstellung auszuschließen sind, führt dieser Ansatz dennoch zu dem Ergebnis, daß innerhalb des gesamten altweltlichen Verbreitungsgebietes grundsätzlich die technischen Voraussetzungen für eine konstruktive Entwicklung des Landfahrzeuges vorhanden waren; lediglich der skandinavische Norden scheidet auf Grund dieses Verfahrens als potentieller Entstehungsraum aus. Jedoch ist aus der Verbreitung der möglichen Vorformen eine regional unterschiedliche Zusammensetzung und Belegungsdichte zu erkennen, so daß unter Berücksichtigung der quantitativen Verhältnisse die folgenden Gebiete als wahrscheinliche Entwicklungszentren anzusehen sind: Mesopotamien, Ägypten, osteuropäischer Steppenraum, mittelasiatischer Steppenraum und das Industal.

Da jedoch neben den technischen Voraussetzungen auch die Produktionsmöglichkeiten als Entstehungsbedingungen für das Landfahrzeug zu berücksichtigen sind, wurden der sachkulturelle Gesamtbestand, der wirtschaftliche Bedarf und die natürlichen Umweltbedingungen innerhalb der technisch-potentiellen Entwicklungszentren überprüft. Als Ergebnis zeigt sich, daß Ägypten aus der Gruppe der wahrscheinlichen Entstehungsräume auszuschliessen ist, während alle weiteren Gebiete auch die notwendigen Produktionsvoraussetzungen aufweisen.

Diese wahrscheinlichen Entwicklungszentren verfügen aber über einen relativ umfangreichen Bestand an konstruktiven Vorformen, der grundsätzlich mehrere kombinatorische Entstehungsmöglichkeiten für das Landfahrzeug zuläßt. Diese verschiedenartigen Entwicklungstendenzen werden vor allem durch die unterschiedlichen Vorformen für die Gestellkonstruktion bedingt. Um zu einem Einblick in den regionalen Entwicklungsablauf zu gelangen, wurden die sachprojektiven Zusammenhänge zwischen diesem Inventar und den Konstruktionsformen der frühesten Fahrzeugbelege untersucht. Dieser Vergleich führt zu dem Ergebnis, daß auf Grund der bestehenden oder nicht bestehenden sachtypologischen Herleitungsmöglichkeiten zwischen regional eigenständigen Sachentwicklungen und Sachübernahmen zu unterscheiden ist. Eine Klärung dieser Verhältnisse ist besonders für die Beurteilung überregionaler Zusammenhänge notwendig. Als ein weiteres Ergebnis zeigt sich an diesem Punkt der Untersuchung, daß die Zugtierkomponente als ein wesentlicher Faktor im Entstehungsprozeß anzusehen ist. Auf Grund dieses Zusammenhangs wurde der südsibirische Raum in den weiteren Verlauf der Untersuchung einbezogen, da er das einzige frühe Domestikationszentrum außerhalb der bisher berücksichtigten Gebiete darstellt.

Die Ergebnisse dieser sachtypologischen Untersuchungen zeigen, daß der Entstehungskomplex des Landfahrzeuges nicht auf eine monogenetische oder polygenetische Ursprungshypothese zu reduzieren ist, sondern auf ein vielschichtiges Abhängigkeits- und Bedingungsverhältnis führt. Um diese Zusammenhänge angemessen zu erfassen, ist die Aufstellung gradueller Entwicklungsräume notwendig, die jeweils einen unterschiedlichen Anteil an dem Entwicklungsprozeß der Landfahrzeuge aufweisen.

Als primärer Entwicklungsraum und somit als konstitutiver Entstehungsraum für das Landfahrzeug ist das mesopotamische Gebiet anzusehen, da sich hier offensichtlich die konstruktive Umformung der Töpferscheibe zum technisch genutzten Scheibenrad vollzogen hat. Die sachtypologische Verbindung dieser Rad-Achsen-Konstruktion mit der lokalen Form des parallel-kufigen Flachschlittens führte zu dem vierrädrigen Wagen ohne Langbaumverbindung. Die Entwicklungsschübe in den sekundären und tertiären Entwicklungsraum sind als Weitergabe der Rad-Achsen-Konstruktion zu deuten, die dort mit der regionalen Vorform des eigenständigen Transportgerätes zu einem neuen Typ des Landfahrzeuges entwickelt wurde, so daß der zweirädrige Wagen mit Stangendeichsel wahrscheinlich im Industal und der zweirädrige Wagen mit Gabeldeichsel im südsibirischen Gebiet entstand. Die späteren Entwicklungsschübe führen lediglich im europäischen Raum zu einer kombinativen Entstehung des vierrädrigen Wagens mit Langbaum, während sie sonst keinen erneuten Entwicklungsprozeß auslösen, sondern nur die Verbreitung des im jeweiligen Ausgangsgebiet gebrauchten Fahrzeugtyps bewirken.

Diese Ergebnisse bilden die notwendige Voraussetzung für eine entwicklungsimmanente Einteilung der Landfahrzeuge, die in dem sachtypologischen Entwicklungsschema durchgeführt wurde. An den Ausgangspunkten der jeweiligen sachtypologischen Reihen stehen die konstruktiven Vorformen und als differenzierende Merkmale werden die Rad-Achsen-Konstruktion, die Gestellkonstruktion und die Zugkonstruktion benutzt. Mit Hilfe dieser Einteilungskriterien sind die drei Entwicklungstypen A, B und C sowie der Kombinationstyp D und die jeweils zugehörigen Variationstypen zu unterscheiden. Dieses sachtypologische Einteilungsschema stellt ein sachstrukturelles System dar, in das jedes beliebige Landfahrzeug auf Grund seiner konstruktiven und/oder funktionalen Merkmale einzuordnen ist.

Auf der Grundlage dieses sachtypologischen Einteilungssystems wurde der Versuch unternommen, die frühzeitlichen und neuzeitlichen Verbreitungsgebiete der einzelnen Entwicklungs- und Kombinationstypen sowie ihrer jeweiligen Variationstypen darzustellen. In diesem Untersuchungsabschnitt werden die Vorteile einer sachkartographischen Darstellungsweise sichtbar, die deutlich erkennen läßt, daß auf dem gegenwärtigen Forschungsstand nur eine umrißhafte Verbreitungsskizze für die einzelnen Typen der Landfahrzeuge zu erreichen ist. Dennoch zeigen die Sachkarten eine relativ klare Gliederung der einzelnen Verbreitungsgebiete, so daß auf Grund der quantitativen Verhältnisse zwischen Haupt- und Nebenformen zu unterscheiden ist und aus der räumlichen Lagerung der einzelnen Fahrzeugtypen weitere Argumentationskriterien abzuleiten sind. Ein wesentlicher Aufschluß über die Verteilungsverhältnisse besteht in der Feststellung, daß die einzelnen Gebiete innerhalb eines Synchronschnittes im allgemeinen nur über einen einzigen Fahrzeugtyp verfügen. Die Ergebnisse dieser synchronen Sachkartographie bestätigen, daß sowohl die durchgeführte Typenbildung als auch die benutzte Materialbasis für diesen Untersuchungsbereich angemessen und ausreichend ist.

Diese synchronen früh- und neuzeitlichen Verbreitungsflächen wurden mit Hilfe des sachprojektiven Vergleichs verbunden, um somit zu Aussagen über die einzelnen sachtypischen Entwicklungsverläufe zu gelangen. Da die beiden Zeitschnitte einen relativ großen Abstand aufweisen, führen diese Untersuchungen lediglich zu einer aufrißartigen Darstellung einer typengebundenen Sachgeschichte, so daß bei einer Beurteilung der Einzelergebnisse diese Einschränkungen zu berücksichtigen sind. Dennoch ist im allgemeinen ein grobliniger Entwicklungsverlauf zu erkennen, der einen Einblick in die Abhängigkeits- und Bedingungsverhältnisse sowie in die Beharrungs- und Bewegungstendenzen einzelner Sachtypen gibt, um somit zu Aufschlüssen über sachtypische Verlagerungen, Ausbreitungsrichtungen und Sachschichtungen zu gelangen.

Diese perspektivischen Ergebnisse zeigen, daß die Sachtypologie lediglich eine aufrißartige Darstellung über die Entstehung, Entwicklung und Verbreitung der Landfahrzeuge gibt und damit die Funktion einer sachbezogenen Orientierungsbasis innerhalb der übergeordneten Aufgabenstellung der worttopologischen Gesamtuntersuchung erfüllt.

ANMERKUNGEN

[1] Die Dissertation umfaßt etwas mehr als 800 Schreibmaschinenseiten, 51 Karten und 41 Abbildungstafeln. Eine Gesamtpublikation ist als Band 5 in der Reihe Studia Linguistica Germanica im de Gruyter Verlag angekündigt und wird erscheinen, sobald der erforderliche Druckkostenzuschuß bereitsteht. Da jedoch die beiden ersten Kapitel dieser Dissertation dem Druckzwang der Philosophischen Fakultät der Philipps-Universität Marburg/Lahn unterliegen, wurde ein vorausgehender Teildruck dieser Kapitel notwendig. Auf Grund der Themenstellung war es möglich, die sachtypologische Darstellung über die Entstehung, Entwicklung und Verbreitung der Landfahrzeuge (= erstes Kapitel der Dissertation) in diese Reihe aufzunehmen, während das worttopologische Darstellungsmodell (= zweites Kapitel der Dissertation) und ein Anwendungsbeispiel als Heft 5 in der Germanistischen Linguistik erscheinen wird. - Die Anordnung und Darstellung des ersten Kapitels wurde gegenüber der Dissertationsfassung mit Genehmigung des Dekans geringfügig abgeändert.

[2] Vgl. zur Definition des Objekt- und Untersuchungsbereiches den Abschnitt 1.2.

[3] Vgl. dazu den Abschnitt 1.3.

[4] Vgl. PUTSCHKE, W. 1970: Entwurf eines worttopologischen Darstellungsmodells. Ein Beitrag zur strukturellen Onomasiologie. Hildesheim. (Germanistische Linguistik 5/70).

[5] Vgl. die Abgrenzung des altweltlichen Verbreitungsgebietes auf Karte 4.

[6] Vgl. zu Einzelheiten das Literaturverzeichnis.

[7] Da es sich bei diesen Abbildungen um Nachzeichnungen handelt, ist eine kritische Vorsicht geboten. Vgl. die ähnlichen Beobachtungen, die z.B. NUOFFER (1904) 14, 61 beim Vergleich älterer, publizierter Abbildungen gemacht hat.

[8] Vgl. z.B. "Die Bearbeitung des Eisens war zu allen Zeiten in der Welt bekannt ..." GINZROT (1817) Bd.1, 10.

[9] Vgl. z.B. die Ausführungen über die chinesisch-japanischen Verhältnisse. GINZROT (1817) Bd.1, 1-20.

[10] Die beiden letzten Bänden wurden posthum publiziert und werden von den verschiedenen Bearbeitern der Sachgeschichte häufig übersehen.

11 Die vier Bände enthalten weit über 200 Bildtafeln in Quartgröße.

12 Vgl. z. B. die Abbildung bei TUNIS (1955) 22 (carruca) mit der von GINZROT (1817) Bd. 1, Tf. 36, 2.

13 Vgl. z. B. GRAEBNER (1923), SCHMIDT-KOPPERS (1924), CAPOT-REY (1946), KLINKOWSTROEM (1959) und die Zusammenfassungen für den vor- und frühgeschichtlichen sowie den antiken Zeitabschnitt, von denen eine Auswahl in Anmerkung 16 zusammengestellt wurde.

14 Vgl. den Abschnitt 1.1.

15 Unter diesem Terminus werden die volks- und völkerkundlichen Beiträge zur Sachgeschichte der Landfahrzeuge zusammengefaßt.

16 Vgl. z. B. DAREMBERG-SAGLIO (1875-1919), BAUMEISTER (1888), HOOPS (1911-19), FELDHAUS (1914), EBERT (1929), SCHRADER (1929).

17 Vgl. Karte 1; hier wurden die wichtigsten Arbeiten der archäologischen Sachforschung hinsichtlich ihres regionalen Arbeitsgebietes zusammengestellt.

18 Vgl. Karte 1.

19 Vgl. auch MÖTEFINDT (1917) 210-217 und PITTIONI (1929). Ein wesentlicher Aufschluß ist allerdings erst von einer ausführlichen Gesamtbehandlung der Entwicklungsgeschichte des zweirädrigen Landfahrzeuges zu erwarten.

20 Zu dieser Problematik vgl. BARB (1947) 139-141.

21 Zu weiteren Arbeiten ist das Literaturverzeichnis heranzuziehen.

22 Vgl. BECKER (1925) IX: "... ohne geographisch historische Volkskunde wären eben die Gegenwart und ihre Formen nicht zu verstehen." Vgl. auch: SCHMIDT (1958a) 270 und FREUDENBERG (1960) 31, 36.

23 Vgl. WILLARD (1932) und die dort genannte Literatur.

24 Vgl. den Abschnitt 1.6.1.2.1. (22).

25 Vgl. SCHMIDT (1958a), der die mittelalterlichen Bildzeugnisse "als hervorragend wichtige Quelle der Gerätegeschichte"

(270) ansieht.

[26] Das Ergebnis seiner Untersuchungen faßt er in Karte XI zusammen.

[27] HAUDRICOURT (1948) 56.

[28] Vgl. z.B. HAMM (1845), LOUDON (1827).

[29] Vgl. z.B. POPPE (1835), GROSSER (1965).

[30] Vgl. z.B. LEBRÜN (1834), PFETSCH (1839), WEIN (1938), MITZSCHKE (1958).

[31] Vgl. z.B. die auf die englischen Verhältnisse begrenzte Arbeit von HAMM (1845), während die Darstellung von LOUDON (1827) auf den gesamten europäischen Raum ausgreift.

[32] KRÜGER (1925) behandelt Sanabria, (1927) den Nordwesten der iberischen Halbinsel und (1936) die Hochpyrenäen.

[33] Die Arbeiten von OUDEMANS (1926) und BALKENHOLL (1929) gehen auf die Anregungen von SEEDORF zurück.

[34] Vgl. BERG (1935) 119-120; HANČAR (1956) 410-411.

[35] Vgl. HORWITZ (1933) 729.

[36] Vgl. HANČAR (1956) 410-411.

[37] HAUDRICOURT (1948) 58.

[38] Vgl. das Kapitel "Vorformen des Wagens" bei TREUE (1965) 46-47, der seine Erörterungen allerdings nur auf den mesopotamischen Raum begrenzt und auch zu keiner theoretischen Grundlegung und methodischen Durchführung dieses Ansatzpunktes gelangt.

[39] HANČAR (1956) 411.

[40] Vgl. die Forderung nach einer Miterfassung "der Produktivkräfte als auch der Produktionsverhältnisse" (740) bei der Darstellung von Arbeitsgeräten, die von KOTHE (1953a) erhoben wird.

[41] Ausnahmen bilden die Arbeiten von KOTHE (1953) über die Stangenschleife und von HANČAR (1956) über die Entwicklungsgeschichte des Pferdes; besonders die sachkartographische Darstellung wird von diesem Mangel betroffen.

[42] KOTHE (1953) 74.

[43] Vgl. MAHR (1934) 51.

[44] Diese Verhältnisse treten in den mittelamerikanischen Hochkulturen auf, die zwar das Rad als kultisches Symbol kannten, es jedoch wahrscheinlich nicht in konstruktiv-technischer Weise nutzten; vgl. HORWITZ (1933) 729-730.

[45] MAHR (1934) 51.

[46] Ohne die Schwierigkeiten zu erörtern, die mit dem Übergang von einer symbolhaften Modellverwendung zum wirtschaftlich genutzten Fahrzeug verbunden sind, gelangt der Priester bei FORRER (1932) von einem kreisförmigen Sonnensymbol zum Scheibenrad.

[47] FELDHAUS (1914) 1253; vgl. HORWITZ (1933).

[48] Vgl. HORWITZ (1933) 728-735.

[49] MAHR (1934) 52

[50] Vgl. Karte 4; vgl. EBERT Bd. 12, 349 (RANKE); Bd. 13, 268 (GÖTZE); SCHRADER (1929) Bd. 2, 426-430; HOOPS (1911-19) Bd. 4, 205-207; WERTH (1954).

[51] Vgl. HANČAR (1956) 417.

[52] Die Verbreitung des Mühlsteines konnte nicht sachkartographisch dargestellt werden, da genauere Angaben über Verbreitung und Datierung aus der Literatur nicht zu ersehen waren.

[53] Vgl. LANG (1930), der die Entstehung des Landfahrzeuges aus dem Transportproblem der zentral durchbohrten großen Mühlsteine von ihrem Herstellungs- zum Verwendungsort ableitet.

[54] Vgl. WERTH (1954) 244.

[55] Vgl. SCHRADER (1929) Bd. 2, 24-26; EBERT Bd. 8, 321-325 (GÖTZE, RANKE, THOMSEN, MEISSNER).

[56] Vgl. HOOPS (1911-19) Bd. 3, 243-244.

[57] Vgl. EBERT Bd. 8, 321; HOOPS (1911-19) Bd. 3, 243: neolithische Belege.

[58] Vgl. HOOPS (1911-19) Bd. 3, 243.

[59] Vgl. EBERT Bd. 8, 325.

[60] Vgl. EBERT Bd. 13, 330; HANČAR (1956) 415; WERTH (1954) 219.

[61] Vgl. SCHRADER (1929) Bd. 2, 556.

[62] Vgl. Karte 4. Sekundäre Ausbreitungsgebiete sind durch eine breitere Schraffur gekennzeichnet. In der Literatur waren leider keine Angaben über die östliche Ausbreitung der Töpferscheibe zu finden.

[63] Vgl. MODE (1959) 22; und HROZNÝ (1940) 193, der sie als proto-indisch bezeichnet und sie als Sachentlehnung aus Vorderasien ansieht.

[64] Vgl. PUMPELLY (1908) 43, 175.

[65] Vgl. HANČAR (1956) 415.

[66] Vgl. ^{GIŠ}DUBBIN in der Bedeutung 'Rad' und 'Töpferscheibe' (heth. Texte); SALONEN (1951) Anm. 1 zu S. 105.

[67] Vgl. CLARK (1952) 301.

[68] Die Art der Arbeitserleichterung ist allerdings von der Bodenbeschaffenheit abhängig.

[69] Vgl. BERG (1935) 140-143.

[70] Vgl. HAUDRICOURT (1948) 63.

[71] Vgl. KOTHE (1953) 76.

[72] Vgl. HANČAR (1956) 346.

[73] Vgl. Abbildung 1; vgl. diese Definition bei: BERG (1935) 129 und KOTHE (1953) 74.

[74] Vgl. Abbildung 2; vgl. diese Definition bei: BERG (1935) 141 und KOTHE (1953) 74-75. Sekundäre Bildungsformen der Schleife: Kufenstangen-, Doppelstangen-, Schlitten- und Karrenschleife können unberücksichtigt bleiben, da die Richtung genetischer Zusammenhänge nur ungesichert zu erkennen ist.

[75] Vgl. Abbildung 3; vgl. BERG (1935) 77-78: "normal two runner sledge".

[76] Vgl. Abbildung 4; vgl. BERG (1935) 76: "forked-shaped

runner sledge".

[77] Vgl. KOTHE (1953) 82.

[78] Vgl. Karte 5; Belege nach BERG (1935) 134-136, wo die genauen Literaturbelege, konstruktive Einzelheiten und Nutzungsweisen angeführt sind; KOTHE (1953) 76-77, der seine Angaben im wesentlichen auf BERG (1935) stützt; vgl. auch DONNER (1915) 91-93.

[79] Vgl. KOTHE (1953) 78; in der Karte 5 sind die Verbreitungsgebiete dieser Formen nicht enthalten, da es sich um Ausprägungen handeln kann, die erst durch die Einwirkung von verschiedenen zweirädrigen Fahrzeugtypen entstanden sind. Dieses genetische Verhältnis kann mit Sicherheit für die sekundären Schleifenformen in den Alpenländern belegt werden.

[80] Vgl. BERG (1935) 139-140.

[81] Vgl. KOTHE (1953).

[82] KOTHE (1953) 91 und in gleicher Weise BERG (1935) 139.

[83] KOTHE (1953) 93; das bedeutet eine Datierung der Femerschleife in das 3. Jt. v. Chr.

[84] Vgl. KOTHE (1953) 94.

[85] HANČAR (1956) 352.

[86] HANČAR (1956) 546.

[87] Vgl. HANČAR (1956) Tab. 63 auf S. 547.

[88] HANČAR (1956) 347; vgl. auch seine folgenden Ausführungen auf S. 347-350.

[89] Vgl. Abbildung 5; vgl. KOTHE (1953) 82-84; HANČAR (1956) 448-449.

[90] Vgl. HANČAR (1956) 449.

[91] z. B. Züschen: 2200-1800 v. Chr., vgl. CHILDE (1954) 10; Beckdorf (Kr. Stade): um 2000 v. Chr., vgl. KOTHE (1953) Anm. 52 auf S. 84; Böheimkirchen: 1750-1500 v. Chr., vgl. CHILDE (1954) 10; Los Buitres (Südwestspanien): um 2000 v. Chr., vgl. HANČAR (1956) 449-450; u. a.

[92] KOTHE (1953) 85.

93 Vgl. KOTHE (1953) 85.

94 Vgl. Karte 5; Belege nach BERG (1935) 141 und KOTHE (1953) 78.

95 Vgl. BERG (1935) 143; u.a.

96 HANČAR (1956) 546.

97 Zur Begründung vgl. KOTHE (1953) 85-93.

98 Vgl. auch BERG (1935) 142-143.

99 Vgl. auch HABERLANDT (1917) 122.

100 Vgl. Karte 5.

101 Vgl. Karte 5; allerdings sind die Angaben in der Literatur nicht immer ausführlich genug, um den einfachen Flachschlitten von dem späteren Ständerschlitten zu trennen, so daß die sachkartographische Darstellung in verschiedenen Gebieten vielleicht auch eine spätere Entwicklungsform miterfaßt.

102 Vgl. BERG (1935), 16-40; CLARK (1952) 293-301, auf S. 295 Fig. 160 sind die schwedisch-finnischen Fundorte kartiert; HANČAR (1956) 333-342.

103 Vgl. HANČAR (1956) 296; die Darstellung ist allerdings nicht gesichert als Schlitten zu deuten.

104 Vgl. BERG (1935) 83.

105 Vgl. HANČAR (1956) 62, 67 und Tf. II 1, 2.

106 Vgl. BERG (1935) 84; HANČAR (1956) 437-440 und Tf. XIX b, XXIII d.

107 Vgl. LEFEBVRE des NOËTTES (1931) Abb. 30.

108 Vgl. LEFEBVRE des NOËTTES (1931) 52-60 und Abb. 37, 45, 46; BERG (1935) 84; HANČAR (1956) 438.

109 WERTH (1954) 295-302.

110 Vgl. LESER (1927); BERG (1935) 77-78; WERTH (1954) 300-302 und Karte 20 auf S. 300.

111 KRÜGER (1936) 192-195, 209, 229; BERG (1935) 76-77.

[112] Vgl. Karte 6; vgl. HANČAR (1956) 546-547; zur Verbreitung vgl. den Abschnitt 2.1.2.1.

[113] Vgl. HANČAR (1956) 432; u.a.

[114] Vgl. Karte 6; eine vollständige Fundliste kann hier nicht gegeben werden, da für diese sachkartographische Darstellung lediglich die regional frühesten Belege notwendig sind.

[115] Vgl. JACOBEIT (1948).

[116] Vgl. HANČAR (1956) 106-107.

[117] Vgl. HANČAR (1956) 420.

[118] Belege nach HANČAR (1956) 443-445; CLARK (1952) 101-103, 302-305, 309-310.

[119] Vgl. HANČAR (1956) 266.

[120] Vgl. HANČAR (1956) 441.

[121] Vgl. HANČAR (1956) 546.

[122] Vgl. HANČAR (1956) 546.

[123] Vgl. HANČAR (1956) 546.

[124] Vgl. WERTH (1954) Karte 19 auf S. 273. Der Grenzverlauf von Estland nach Finnland ist durch das eingetragene Belegmaterial nicht gerechtfertigt, sondern die Grenzlinie muß über Südschweden nach Mittelengland (ohne Wales) gehen.

[125] Vgl. Karte 6.

[126] Vgl. HANČAR (1956) 438; zur Verbreitung vgl. den Abschnitt 2.1.2.3.

[127] Vgl. HANČAR (1956) 73.

[128] Vgl. Abbildung 6,1.

[129] Vgl. Karte 6.

[130] Vgl. den Abschnitt 2.1.3.2. und HANČAR (1956) 443-447; die europäischen Belege gehen in ihrer Datierung nicht über 1500 v.Chr. zurück.

[131] HANČAR (1956) 447.

132 Vgl. MODE (1959) Tf. 31 oben; MACKAY (1938) 12 deutet steinförmige Geräte als Pflugscharen.

133 HANČAR (1956) 415; vgl. CHILDE (1952) 177-178.

134 Vgl. CHILDE (1952) 183.

135 Vgl. HANČAR (1956) 405; bemerkenswert bleibt die Konzentration der Bilddarstellungen, die Equiden wiedergeben, auf die östliche Gebirgszone.

136 HANČAR (1956) 417-418.

137 Vgl. NARR (1957) 189 als Beispiel "wie kapriziös sich Kulturelemente ausbreiten"; SMOLIAN (1964) 8-9.

138 Vgl. die Bedeutungsveränderung einer älteren nautischen Terminologie Ägyptens zu den Bezeichnungen für den Landtransport:
(1) n^{c}j 'im Schiff fahren' ⟶ 'ziehen, gehen'
(2) ḫdj '(rudernd) stromab fahren' ⟶ 'nordwärts reisen, nicht zu Schiff'
(3) ẖnj 'rudern, fahren' ⟶ 'in einem Wagen fahren'
Vgl. SALONEN (1951) 20. Während im Sumerisch - Akkadischen die Benennungen für 'fahren' auf Grundbedeutungen wie 'reiten, sitzen' zurückzuführen sind; vgl. SALONEN (1951) 95; HANČAR (1956) Anm. 99 auf S. 423.

139 Vgl. SMOLIAN (1964) 8-9; für den Transport des schweren Baumaterials wären die anfänglichen Fahrzeugtypen ohnehin nicht zu benutzen gewesen, da sie ein viel zu geringes Fassungsvermögen besaßen.

140 Vgl. HANČAR (1956) 88-122, der auch die russischsprachige Literatur in seine Erörterungen einbezieht.

141 HANČAR (1956) 90.

142 Vgl. HANČAR (1956) 122.

143 Vgl. HANČAR (1956) 73.

144 Diese Siedlungen liegen in der westlichen Randzone des primären Pflugbaugebietes; vgl. WERTH (1954) Karte 21 auf S. 332.

145 Vgl. HANČAR (1956) 373-381; PUMPELLY (1908). Die Datierung wird nach HANČAR (1956) 374, 380, 375 und der dort angeführten Literatur gegeben.

146 Für die Annahme eines Zugseiles spricht seine vorderasiatische Verbreitung.

147 Der Jochpflug stellt den heute gebräuchlichen Pflugtyp dar; vgl. PUMPELLY (1908) Abb. 480 auf S. 316; WERTH (1954) 163-207; LESER (1931).

148 Vgl. HANČAR (1956) 375.

149 Vgl. PUMPELLY (1908) 43, 175; Anau III.

150 Eine Domestikation des Pferdes ist nicht zu beweisen, dagegen sind frühe Zuchtversuche mit dem Onager sehr wahrscheinlich; vgl. HANČAR (1956) 381.

151 Datierung nach HANČAR (1956) 381, 384 und der dort angeführten Literatur.

152 Vgl. HANČAR (1956) 383.

153 HANČAR (1956) 384.

154 Vgl. HANČAR (1956) 384-385.

155 Vgl. TOLSTOV (1948); zitiert nach HANČAR (1956) 385-388.

156 Vgl. MODE (1959) 80.

157 FÜRER-HAIMENDORF (1957) 113.

158 Datierung nach HANČAR (1956) 463, 465 und der dort angeführten Literatur.

159 Jedoch sind gegen diese Funderkennung Bedenken erhoben worden; vgl. HANČAR (1956) 465-466 und die dort genannte Literatur.

160 Vgl. FÜRER-HAIMENDORF (1957) 117.

161 Vgl. MODE (1959) Tf. 31 oben; jedoch ist diese Deutung des Tonmodells noch umstritten; ungesichert ist auch die Interpretation steinbeilähnlicher Geräte als Pflugscharen, vgl. MACKAY (1938) 12.

162 Vgl. WERTH (1954) Karte 21 auf S. 332.

163 Vgl. MODE (1959) 22.

164 Vgl. FÜRER-HAIMENDORF (1957) 118.

165 Vgl. HANČAR (1956) 536-544.

166 Vgl. die Zusammenstellung bei TREUE (1965) 22-45 und die spezielle Darstellung des vierrädrigen Landfahrzeuges bei BRUNNHUBER (1951) 11-23.

167 Vgl. Abbildung 6,1 und 2.

168 Auch als Thron mit Sonnendach gedeutet; vgl. SALONEN (1951) Anm. 1 auf S. 155.

169 Vgl. CHILDE (1952) 178 und Fig. 1; SALONEN (1951) 155; HANČAR (1956) 414, 439-440; SMOLIAN (1964) 5.

170 Über die Befestigungsart der Achse mit dem Schlitten- bzw. dem Fahrzeuggestell vgl. Zeichnung 3 bei SALONEN (1951) 102 und die Rekonstruktion des vierrädrigen Landfahrzeuges aus Kisch (um 2600 v. Chr.; vgl. SALONEN (1951) Tf. 5), ein Bronzemodell aus Toprak-Kale (Van-Gebiet, um 800 v. Chr.; vgl. SALONEN (1951) Tf. 9), ein Kupfermodell aus Tell Agrab mit Metallschlaufen (um 2500 v. Chr.; vgl. HANČAR (1956) 422-424 und Tf. 22) und das ethnologische Vergleichsmaterial.

171 Vgl. die Abschnitte 2.1.3.3. und 2.1.3.4.

172 Vgl. SALONEN (1951) 155; HANČAR (1956) 413.

173 Vgl. Abbildung 7. Die folgenden Funde sind im wesentlichen nach CHILDE (1954) datiert; vgl. auch dort seine kritischen Bemerkungen zur Chronologie; zu vgl. ist auch die Fundliste bei SMOLIAN (1964) 28-29; zur Abbildung ist zu vgl. SALONEN (1951) 156 und Tf. 2,1; die von HERMES (1936) 365-367 als zweirädriger Streitwagen gedeutet wird(in gleicher Weise auch Ur, "Standarte").

174 Vgl. Abbildung 8; CHILDE (1952) 179 und (1954) 9; HANČAR (1956) 420, 425 und Tf. 24b.

175 Vgl. Abbildung 9; vgl. CHRISTIAN-WEIDNER (1929) 148; SALONEN (1951) 157 und Tf. 5.; CHILDE (1952) 179 und (1954) 9.

176 Vgl. SALONEN (1951) 158 und Tf. 7,1; CHILDE (1952) 184 und (1954) 9; HANČAR (1956) 413.

177 Vgl. SALONEN (1951) 157 und Tf. 6; CHILDE (1952) 179 und (1954) 9; HANČAR (1956) 420-421 und Tf. 20b.

[178] Vgl. CHRISTIAN-WEIDNER (1929) 143, 148; SALONEN (1951) 156 und Tf. 2, 2; HANČAR (1956) 426-427 und Tf. 25; SMOLIAN (1964) 2-5 und Abb. 1.

[179] Vgl. SALONEN (1951) 156 und Tf. 3; CHILDE (1954) 9; HANČAR (1956) 427.

[180] Vgl. Abbildung 10; vgl. SALONEN (1951) 156-157 und Tf. 4, 1, 4, 3; HANČAR (1956) 422-425 und Tf. 20a, 21c. vgl. Karte 8.

[181] Vgl. CHILDE (1952) 182.

[182] Vgl. CHILDE (1952) 180-181; MAHR (1934) 59-60.

[183] Vgl. GRAEBNER (1923) 540; SALONEN (1951) 155; CHILDE (1954) 3; HANČAR (1956) 447.

[184] Vgl. ARTAMONOV (1933) 23-32; zit. nach HANČAR (1956) 441-443.

[185] Vgl. HANČAR (1956) 443-447.

[186] Vgl. HANČAR (1956) 447-451.

[187] Vgl. EBELING (1932) Abb. 3; vgl. auch KRÜGER (1936) 196; MESSERSCHMIDT (1931) 144-145.

[188] Vgl. Tonmodelle aus Schuruppak und Tell Agrab sowie die Weiheplatte aus Ur: 2700-2350 v. Chr.

[189] Vgl. Abbildung 6, 3; vgl. SALONEN (1951) 155-156 und Tf. 1, 3.

[190] Vgl. FALKENSTEIN (1936) Nr. 593.

[191] Vgl. SALONEN (1951) 156.

[192] Vgl. LESER (1931) Anm. 29 auf S. 558; der die Vorrangstellung des Schlittens gegenüber dem Landfahrzeug und dem Pflug betont und zu der Auffassung gelangt, daß die Nutzung des Tieres zu irgendwelchen Zugzwecken vom Schlitten ausgeht.

[193] Vgl. DEIMEL (1930) Nr. 307.

[194] Zit. nach SALONEN (1951) 156.

[195] Vgl. HANČAR (1956) 440-441; gegen eine genetische Beziehung zwischen Jochdeichsel und Zugstrang.

196 Über die weitere Entwicklung der Deichsel zu einer hochgebogenen Form vgl. HANČAR (1956) 431.

197 Vgl. Karte 8.

198 Vgl. HANČAR (1956) 438-439 ; zu den einzelnen Belegen vgl. auch CHILDE (1954) 9-11; SMOLIAN (1964) 28-29.

199 Sturmleiter auf Scheibenrädern; vgl. HANČAR (1956) Anm. 140 auf S. 438.

200 Vgl. SMOLIAN (1964) Abb. 4 auf S. 8.

201 Vgl. BÓNA (1960) 99.

202 Vgl. Hungarian Bulletin, No. 153, November 1953, 11 und Abb.; HANČAR (1956) 38 und Tf. 2, 6; BÓNA (1960) 97.

203 Vgl. CHILDE (1952) 184-185; HANČAR (1956) 165-166.

204 Vgl. SALONEN (1951) 157; HANČAR (1956) 423 und Tf. 23 a, b; SMOLIAN (1964) 7-8.

205 Vgl. HANČAR (1956) 439; CHILDE (1952) 178, der die Zeit von 3500-3100 v. Chr. als den ersten Entwicklungsabschnitt ansieht; CHILDE (1954) 3; EBERT (1929) 239; KLINKOWSTROEM (1959) 731; SMOLIAN (1964) 5; u. a.

206 Die Darstellung eines zweirädrigen Landfahrzeuges auf einem Gefäß und ein zweirädriges Tonmodell aus Tell Halaf sind in ihrer Zeitstellung umstritten; besonders die speichenartige Bemalung der Modellräder führt zu Schwierigkeiten in Deutung oder Datierung; vgl. SALONEN (1951) 160-161; HANČAR (1956) 412-413 und Tf. 18b.

207 Vgl. Karte 8.

208 Vgl. Abbildung 11; vgl. SALONEN (1951) 161 und Tf. 11-12; CHILDE (1954) 9; HANČAR (1956) 423 und Tf. 22.

209 Vgl. SALONEN (1951) 161 und Tf. 10, 2; CHILDE (1954) 9.

210 Vgl. CHILDE (1954) 9.

211 Vgl. SALONEN (1951) 161 und Tf. 15, 1.

212 Vgl. Abbildung 12; vgl. SALONEN (1951) 161 und Tf. 15, E-J.

213 Vgl. Abbildung 13; vgl. SALONEN (1951) 161 und Tf. 13, 1

und 14; HANČAR (1956) 447 und Tf. 20b.

214 Vgl. SALONEN (1951) 161 und Tf. 10, 1; HANČAR (1956) 423-424 und Tf. 21d.

215 Vgl. SALONEN (1951) 161 und Tf. 13, 2; HANČAR (1956) 425 und Tf. 20a.

216 Vgl. LEFEBVRE des NOËTTES (1924) 13-16; HANČAR (1956) 422-424; Radkonstruktion und Zugvorrichtung sind die gleichen wie beim vierrädrigen Fahrzeugtyp.

217 Vgl. die Bedeutungsveränderung im Sumerisch-Akkadischen: 'reiten, sitzen' ⟶ 'fahren'; vgl. SALONEN (1951) 95.

218 Vgl. HANČAR (1956) Tf. 21d: um 2600 v. Chr.

219 Vgl. SMOLIAN (1964) 5-6.

220 SALONEN (1951) 160.

221 Vgl. HANČAR (1956) 447, 471.

222 Vgl. HANČAR (1956) 430.

223 Die Fundlage selbst vermag vielleicht für diese Annahme eine gewisse Stützung zu geben: die 2. Hälfte des 3. Jts. v. Chr. zeigt im nördlichen Teil des mesopotamischen Raumes keine Funde des vierrädrigen Landfahrzeuges, wohl aber ist der zweirädrige Fahrzeugtyp in diesem Gebiet belegt; vgl. SALONEN (1951) 158, 162.

224 Vgl. die Tonmodelle von Kisch bei HANČAR (1956) Tf. 21c, d.

225 Vgl. SALONEN (1951) 154; HANČAR (1956) 421; CHILDE (1952) 182.

226 Vgl. KOTHE (1953) 81-82.

227 Vgl. Karte 8 und 9.

228 Vgl. Fundbericht und Abb. bei TERENOŽKIN (1951) 117-124, Abb. 41; HANČAR (1956) 92-93; CHILDE (1954) 10, der den Grabfund in den Zeitraum von 2400-2000 v. Chr. datiert; SMOLIAN (1964) 10.

229 HANČAR (1956) 93; Vgl. den ähnlichen aber späteren Fund aus Akkerman (Melitopol), der in das 1. Drittel des 2. Jts. v. Chr. datiert wird; vgl. BÓNA (1960) Anm. 112 auf S. 96 (hier auch weitere Literaturangaben).

230 Vgl. CHILDE (1954) 10 und (1952) 186.

231 Vgl. HANČAR (1956) 558.

232 Vgl. Abbildung 14.

233 Vgl. CHILDE (1954) 10.

234 Vgl. HANČAR (1956) 558.

235 HANČAR (1956) 106-107.

236 Vgl. HANČAR (1956) 193.

237 Bei solchen Einzelfunden ist jedoch nicht mit Sicherheit zu erschließen, ob es sich um das Rad eines Wagenmodells oder um einen Spinnwirtel handelt; vgl. CHILDE (1952) 186 und (1954) 8.

238 Vgl. allgemein zur sachtypologischen Herleitung des zweirädrigen Fahrzeugtyps von der Joch- oder Femerschleife: KNORRING (1833) 86; HADDON (1908) 173; LANG (1930); BERG (1935) 129, 140-143; KOTHE (1953); HANČAR (1956) 342-351, 440-451; u.a.

239 Lediglich das vierrädrige Fahrzeugmodell von Tepe Gaura (vgl. HANČAR (1956) 424, der dieses Modell als Einzelerscheinung des mesopotamischen Raumes bezeichnet) und aus dem Euphrattal in der Nähe von Karkemisch (vgl. CHILDE (1952) 184) zeigen ein ähnliches tonnenartiges Verdeck.

240 Vgl. Karte 9.

241 Vgl. Abbildung 15; vgl. HANČAR (1956) 449-450, Abb. 17; CLARK (1952) 304, Fig. 167.

242 Vgl. LECHLER (1933) Abb. 20, 22-24; CHILDE (1954) 14, noch (1952) Anm. 1 auf S. 188 als Schlitten oder Egge gedeutet; CLARK (1952) 303; SMOLIAN (1964) 10.

243 Vgl. CLARK (1952) Fig. 170; HANČAR (1956) 511; die ersten drei Belege zeigen Speichenräder und bestimmen sie somit als relativ späte Erscheinungsformen, wobei die Datierung umstritten ist.

244 Vgl. HANČAR (1956) 103.

245 Vgl. CHILDE (1952) 186 und (1954) 7-8; HANČAR (1956) 205-206.

246 Vgl. HANČAR (1956) 241.

247 Vgl. HANČAR (1956) 558.

248 Vgl. HANČAR (1956) 344 und Abb. 8 auf S. 253; allerdings handelt es sich bei dieser Fahrzeugdarstellung um eine Gestellkonstruktion, die sachtypologisch mit der Femerschleife verbunden ist.

249 Vgl. CHILDE (1954) 11; HANČAR (1956) 468-469; MODE (1959) 83; TREUE (1965) 48-49.

250 Über Folgerungen aus der chronologischen Stellung ist der Abschnitt 2.4.4. zu vergleichen.

251 Vgl. Karte 9; vgl. die Zusammenstellung bei TREUE (1965) 88.

252 Vgl. Abbildung 16; vgl. PUMPELLY (1908) 172 und Tf. 47, 11; TREUE (1965) 65: indischer Anklang.

253 Vgl. Anmerkung 252.

254 Vgl. Fundliste des Südkurgans Nr. 231, 330, 360 bei PUMPELLY (1908) 204-208.

255 Vgl. CHILDE (1952) 183-184.

256 Vgl. CHILDE (1954) 9.

257 Vgl. HANČAR (1956) 391 und Tf. 17b.

258 Vgl. Karte 9.

259 CHILDE (1952) 184 setzt das beginnende 3. Jt. v. Chr. als Zeitraum der Sachübernahme aus Mesopotamien an.

260 Vgl. Karte 9.

261 Über Folgerungen aus der chronologischen Stellung ist der Abschnitt 2.4.4. zu vergleichen.

262 Vgl. HANČAR (1956) 388-389.

263 Vgl. zur Begründung den Abschnitt 2.4.4.; vgl. auch den parallelen Vorgang bei der Sachübernahme des vierrädrigen Fahrzeugtyps aus dem mesopotamischen Raum.

264 Zur Begründung vgl. den Abschnitt 2.4.4.

265 Vgl. die Zusammenstellung bei TREUE (1965) 48-64.

266 Vgl. auch die Fundbeobachtungen von Wagengleisen mit einer Spurweite von 100 cm, die auf einen häufigen Gebrauch schließen lassen; vgl. HANČAR (1956) 468-469.

267 Vgl. Karte 9; vgl. Datierung nach HANČAR (1956) 466-467 und die dort angeführte Literatur; SMOLIAN (1964) 6-7 und Abb. 2.

268 Vgl. Abbildung 17; vgl. MODE (1959) 83 Abb. 32; HANČAR (1956) 468-469; TREUE (1965) 48-49.

269 Vgl. Abbildung 18.

270 Vgl. die Literaturangaben der Anmerkung 268.

271 Vgl. HAUDRICOURT (1948) Fig. 8.

272 Vgl. Karte 9.

273 Vgl. die Darstellung von TREUE (1965) 72-86.

274 Vgl. HANČAR (1956) 269, 272; Tf. 8 und die sachliche Richtigstellung von DEWALL (1964) Anm. 16 auf S. 107; und die Funde aus dem Gräberfeld von Liu-li-ko (=Ljulige bei HANČAR) stammen aus der Chan-kuo-Zeit (480-221 v. Chr.).

275 Vgl. HANČAR (1956) 266-277 Abb. 9a und Tf. 8; SMOLIAN (1964) 10-11 und Abb. 8.

276 Die Wagenbelege aus dem chinesischen Raum können hier unberücksichtigt bleiben, da sie einen späteren Typ (Ende des 2. Jts. v. Chr.) mit Speichenrädern (nach dem Bilderschriftzeichen) darstellen. SMOLIAN (1964) 10-11 jedoch deutet die Raddarstellung des Schriftzeichens als Scheibenrad.

277 Vgl. die jeweiligen Datierungen von CHILDE (1954) und HANČAR (1956) sowie die dort angeführte Literatur.

278 Allerdings besteht in der Nutzungsweise ein grundsätzlicher Unterschied: ein früher Streitwagentyp wie in Mesopotamien ist für das Industal bisher nicht nachzuweisen; vgl. SMOLIAN (1964) 7.

279 CHILDE (1952a) 176.

280 Fahrzeugmodelle mit Equidenbespannung sind bisher nicht

gefunden worden; vgl. HANČAR (1956) 469.

281 Vgl. TREUE (1965) 52.

282 Vgl. BERG (1935) 163.

283 Vgl. CHILDE (1952) 183 und (1954) Fig. 8.

284 Jedoch existieren aus dem Gebiet zwischen Mesopotamien und Indien bisher keine datierbaren Funde, die eine etappenweise Ausbreitung belegen könnten; vgl. CHILDE (1952) 183-184.

285 HANČAR (1956) 467.

286 Vgl. MODE (1959) 54.

287 MODE (1959) 54.

288 FÜRER-HAIMENDORF (1957) 118.

289 Vgl. CHILDE (1954) 17.

290 Vgl. CHILDE (1952) 183 der aus der konstruktiven Übereinstimmung jedoch nur den gleichen Ursprung folgert.

291 Vgl. HANČAR (1956) 544-563.

292 Vgl. Karte 8 und 9; vgl. die Zusammenstellung bei TREUE (1965) 87-88.

293 Vgl. HANČAR (1956) 253-254, 397 und Abb. 8; NARR (1957) 156.

294 Ein ähnliches spätskythen-zeitliches (um 300 v. Chr.) Felsbild eines zweirädrigen Landfahrzeuges mit Gabeldeichsel ist von Abakan am Jenissei bekannt; vgl. HANČAR (1956) 344. -Unsicher ist der Rückschluß von zwei mitbestatteten Pferden (ohne Rest von Schirrung oder Zaumzeug) auf ihren Gebrauch als Zugtiere am Wagen aus dem Alakul'-Kurgan 2; vgl. HANČAR (1956) 240-241.

295 Vgl. HANČAR (1956) 362, 563.

296 Vgl. die Abb. 19 bei SMOLIAN (1964) auf S. 24.

297 Vgl. HANČAR (1956) 307.

298 Vgl. SMOLIAN (1964) 32; zu den chronologischen Schwierigkeiten vgl. besonders HANČAR (1956) Anm. 80 auf S. 307,

der hier auch die russischsprachige Literatur anführt.

299 Vgl. z.B. SMOLIAN (1964) 25, der diese neue Anspannungsart jedoch um 100 v. Chr. datiert; vgl. auch DEWALL (1964) 104, 146, 181 und die Abb. bei TREUE (1965) 74-84.

300 Vgl. DEWALL (1964) 104; ihr Fundkatalog erfaßt jedoch diesen Zeitraum nicht mehr.

301 Neben sporadischen Belegen aus dem lat. (kelt.) Raum treten Fahrzeugtypen mit Gabeldeichsel erst im 9.-12. Jh. n. Chr. in größerer Häufigkeit im europäischen Gebiet auf.

302 Vgl. Karte 10.

303 Vgl. Abbildung 19; vgl. HANČAR (1956) 369 und Tf. 16; NUOFFER (1904) 61-63, 71-72 und Tf. 8, 48; hier in das 4. Jh. v. Chr. datiert.

304 Vgl. STUDNICZKA (1907) 169-171 und Abb. 17.

305 STUDNICZKA (1907) 171.

306 Vgl. Abbildung 20; vgl. STUDNICZKA (1907) 167-169 und Abb. 15.

307 Vgl. Abbildung 21; vgl. STUDNICZKA (1907) 185-188 und Abb. 32.

308 Vgl. Modell des Amu-Darja-Schatzes.

309 Einen weiteren Schritt in der Umformung scheint das Kalksteinmodell eines zweirädrigen Fahrzeuges darzustellen, dessen Doppeldeichsel nach vorn zusammenläuft und hier das Joch für nur zwei Zugtiere trägt. Eine sachtypologische Verbindung mit der Jochschleife ist hier wohl kaum anzusetzen; vgl. STUDNICZKA (1907) 185-188 und Abb. 30. Vgl. die ähnliche Erscheinung im ethnologischen Material Estlands bei LEINBOCK (1932) 36: "Sollten die Ochsen vor einen Wagen oder Schlitten mit zwei Femern gespannt werden, so verband man die Enden durch einen senkrecht durchgesteckten Pflock und befestigte an diesen den Zugriemen".

310 Vgl. NUOFFER (1904) 61-72.

311 Vgl. jedoch diesen Bespannungstyp im ethnologischen Material besonders für Süditalien bei SCHEUERMEIER (1956) 145-146.

312 Vgl. GRAZIOSI (1941) Tf. 37b, 38a, b, 48a, 92b, 95.

313 Vgl. KÜHN (1927)

314 Vgl. HANČAR (1956) 351-352.

315 Vgl. HANČAR (1956) 347.

316 Vgl. HANČAR (1956) 279.

317 Vgl. HANČAR (1956) 351-352.

318 Vgl. Karte 11.

319 Über die möglichen sachtypologischen Verbindungen vgl. den Abschnitt 2.4.1.

320 Vgl. CHILDE (1952) 194.

321 Vgl. HANČAR (1956) Anm. 149 auf S. 164: Kaukasien-Mesopotamien; PRZEWORSKI (1929) 24: Europa-Vorderasien; SMOLIAN (1964) 6; FÜRER-HAIMENDORF (1957) 118; PIGGOTT (1950) 109-118 : Indien-Mesopotamien.

322 Zu einem möglichen quartären Entwicklungsraum (vierrädriger Fahrzeugtyp mit Langbaumverbindung als Kombination von zwei zweirädrigen Wagen) vgl. den Abschnitt 3.2.3.

323 Vgl. BRUNNHUBER (1951) 12. Dagegen sehen SCHMIDT-KOPPERS (1924) 101, 600, 665 die Erfindung des Rades und des frühen Fahrzeugtyps im Gebiet der Nomaden Innerasiens. In das gleiche Gebiet (West- und Zentralasien) legt auch KLINKOWSTROEM (1959) 32-33 die Entwicklung des Landfahrzeuges, während LANG (1930) 65, die Entstehung des Landfahrzeuges mit dem Ackerbau und dem Mühlstein verbindet und auf diese Weise zu dem Ergebnis gelangt, daß in China der Ursprung des Landfahrzeuges zu suchen ist.

324 Als Träger dieser Verbreitung denkt CHILDE (1960) 110 an mesopotamische Metallfachleute.

325 Vgl. die von andersartigen Grundlagen ausgehenden Herleitungsversuche bei BERG (1935); HAUDRICOURT (1948) 63; HAUDRICOURT-BRUNHES-DELAMARRE (1955) 155-187; KLINKOWSTROEM (1959) 33.

326 Vgl. HAUDRICOURT (1948) 59-60; KLINKOWSTROEM (1959) 32 und Abb. auf S. 33; stellt zwischen den einfachen Schleifentyp und das zugehörige zweirädrige Landfahrzeug noch die Zwischenstufe einer Schleife mit Kufen.

327 Vgl. HAUDRICOURT (1948) 56-57. Die sachtypologische Herleitung des vierrädrigen Wagens aus der Fahr- oder Ackerwalze, die LOEWENTHAL (1918) aufstellte, kann wohl kaum Anspruch auf eine ernsthafte Anerkennung erwarten; vgl. dazu auch die kritische Stellungnahme von MÖTEFINDT (1919).

328 Vgl. dazu den Abschnitt 1.6.

329 Diese Schwierigkeiten betreffen besonders die Gestellkonstruktion; vgl. dazu CHILDE (1952) 177; CLARK (1952) 301.

330 Diese Ergebnisse können jedoch zumeist die Anforderungen erfüllen, die von der worttopologischen Gesamtuntersuchung an die Sachtypologie gestellt werden; vgl. dazu den Abschnitt 1.1. Eine eingehendere Untersuchung der einzelnen Verbreitungsgebiete muß einer umfassenderen Darstellung vorbehalten bleiben.

331 Vgl. den Abschnitt 2.1.2.3. - Die bisherigen Darstellungen des vierrädrigen Wagens berücksichtigen für den prähistorischen und frühen historischen Zeitraum nicht in genügender Weise die Gestellkonstruktion als sachtypologische Herleitungsgrundlage; danach ist der Grundtyp A und der Kombinationstyp D zu unterscheiden. Hinsichtlich der Ursprungsfrage des vierrädrigen Wagens wirkt sich die Trennung in diese beiden Typen besonders klärend aus; wenn MÖTEFINDT (1917) u.a. eine nordische Herkunft des vierrädrigen Wagens vertritt, so ist diese Auffassung nur gerechtfertigt in Hinsicht auf den vierrädrigen Wagen mit Langbaumverbindung (Kombinationstyp D); in gleicher Weise ist die Annahme eines vorderasiatischen Ursprungs des vierrädrigen Wagens nur vertretbar, wenn sie auf den vierrädrigen Wagen ohne Langbaumverbindung (Grundtyp A) beschränkt wird.

332 Vgl. Karte 12.

333 Vgl. den Abschnitt 2.4. sowie Karte 8 und 9; vgl. auch die "skythischen" (?) Wagenfunde aus dem nördlichen Ufergebiet des Schwarzen Meeres bei BIEŃKOWSKI (1902).

334 Vgl. Abbildung 22.

335 Vgl. BÓNA (1960) Karte auf S.107; BICHIR (1964) Karte auf S.83.

336 Vgl. OLDEBERG (1954) Fig.11 (Rekonstruktion).

337 Vgl. Karte 12.

338 Angaben nach BERG (1935) 163-164; vgl. dort die weitere Literatur.

339 Vgl. auch HAMM (1845) 502-503.

340 Vgl. Abbildung 23 und BERG (1935) 163.

341 Vgl. den Abschnitt 2.4.1.

342 Die Typen A I, 1 und A II, 1 können jedoch sporadisch auch im Bereich der Wagentypen A I, 2 und A II, 2 auftreten; besonders im neuzeitlichen Verbreitungsgebiet, wo diese Form weiterhin nur eine spezielle Funktion im gesamten Inventar der Transportgeräte innehat. Für Typ A I, 1 vgl. z.B. die Abb. bei BERG (1935) Tf. 29, 3.

343 Vgl. z.B. einen Beleg aus Estland bei OLDEBERG (1954) Fig. 12.

344 Vgl. Anmerkung 379.

345 Vgl. MOSZYŃSKI (1929) 639-642.

346 Vgl. den Abschnitt 3.2.

347 Vgl. den Abschnitt 2.4.1.

348 Vgl. BÓNA (1960) 98, 102.

349 MÜLLER-KARPE (1956) 73.

350 Die Belege für diese Ausbreitungszone sind lediglich aus dem Plattformgestell von Kultwagenfunden zu erschließen; vgl. MÖTEFINDT (1917) 233-239; BING (1918); FORRER (1932); BRUNNHUBER (1951) 41-56.

351 Vgl. Karte 13; vgl. auch die Fundkartierung bei PIGGOTT (1965) Fig. 100 (=Karte).

352 Datierung nach ALTHEIM-TRAUTMANN (1937) 100; HAGEN (1955) 46; vgl. auch Abbildung 24.

353 Vgl. ALTHIN (1945) 21: Zone IV; zur Gruppengliederung vgl. Abb. 9.

354 Vgl. HAGEN (1955) 1.

355 Vgl. MÖTEFINDT (1917) Abb. 4; HAGEN (1955) Abb. 2; LA BAUME (1924) Abb. 14; BRUNNHUBER (1951) 26.

356 Vgl. HAGEN (1955) Abb. 6; LA BAUME (1924) Abb. 14; BRUNNHUBER (1951) 26.

357 Vgl. HAGEN (1955) Abb. 7.

358 Datierung nach BERG (1935) 154 und der dort genannten Literatur.

359 Zu allen Belegen vgl. BERG (1935) 154.

360 Datierung nach LECHLER (1933) 136; entgegen dem Ansatz von: MÖTEFINDT (1917) 226-227 und LA BAUME (1924) 17; vgl. auch BRUNNHUBER (1951) 35-37.

361 Dänische Vergleichsfunde stammen aus Langå und Kraghede (Datierung: Latène III) vgl. KLINDT-JENSEN (1949) 87-108.

362 Vgl. Abbildung 25.

363 Vgl. MÖTEFINDT (1917) 221-222; LA BAUME (1924).

364 Vgl. LA BAUME (1956) Abb. 15, 3.

365 Vgl. MÖTEFINDT (1917) 222; LA BAUME (1924) 16 und Abb. 13; BRUNNHUBER (1951) 25.

366 Vgl. MÖTEFINDT (1917) 221 und Abb. 5; LA BAUME (1924) 16 und Abb. 12; BRUNNHUBER (1951) 24-25.

367 Vgl. MÖTEFINDT (1917) 221; LA BAUME (1924) 16 und Abb. 11; BRUNNHUBER (1951) 25.

368 Vgl. MÖTEFINDT (1917) 222; LA BAUME (1924) 16 und Abb. 10; BRUNNHUBER (1951) 25.

369 Vgl. Abbildung 26 und LA BAUME (1924) 6-12.

370 Vgl. MÖTEFINDT (1917) 222-223.

371 Vgl. LA BAUME (1924) 15-17.

372 Vgl. MÖTEFINDT (1917) 223; LA BAUME (1924) 17.

373 Die Spreizung des Langbaums wird von REST (1948) 138-139, 145-146 als "Langfuhr" gedeutet, d. h. als eine verstrebte Stützung des Langbaumes durch eiserne Stangen. Wenn diese Interpretation richtig ist, so wäre es möglich, das darstellungsmäßige Fehlen dieses Details als Abstraktion oder Vergröberung des Künstlers aufzufassen.

[374] Datierung nach DVOŘÁK (1938) 61.

[375] Vgl. CHILDE (1952) 190-192.

[376] Vgl. SCHIEK (1954) Abb. 5 (=Karte); vgl. auch PARET (1935); DVOŘÁK (1938); REST (1948); KOSSAK (1959) 90-91.

[377] Vgl. SCHIEK (1954) Anm. 17 auf S. 156: die Wagenbestattung gelangt aus östlichen Gebieten in den südwestdeutschen Raum.

[378] Vgl. DRACK (1958) mit Verbreitungskarte auf S. 57. Eine allgemeine Ost-West-Ausbreitung der Bestattungen mit vierrädrigen Wagen in der Hallstattzeit stellt PIGGOTT (1965) 180-181 fest.

[379] Unsicher ist die sachtypische Einordnung der beiden Wagendarstellungen auf Oedenburger (Sopron, Ungarn) Gesichtsurnen (vgl. HOERNES (1891) und Tf. 10, 1; BELLA (1894); MÖTEFINDT (1917) 225-226; LA BAUME (1924) Abb. 14; FORRER (1932) Fig. 4, 2-3; u. a.), da hier eine Plattform gezeichnet ist, ohne irgendwelche Andeutung eines Langbaumes (vgl. LA BAUME (1924) 17). Somit ist an eine Zugehörigkeit zum Wagentyp A, 2 zu denken. Jedoch legt die Spreizung der Stangendeichsel, wie sie bei den nordischen und westpreußischen Darstellungen zu erkennen war, die Annahme eines vierrädrigen Wagentyps mit Langbaumverbindung nahe.

[380] Vgl. REST (1948).

[381] Vgl. SCHIEK (1954) 166.

[382] Datierung nach JOFFROY (1957) 262.

[383] Vgl. Karte auf S. 259 bei JOFFROY (1957) und als Ergänzung den Einzelfund bei St. Etienne: CHAPOTAT (1962).

[384] PIGGOTT (1965) Fig. 100.

[385] Vgl. Abbildung 27 und JOFFROY (1957); LECHLER (1933) Abb. 45; DVOŘÁK (1938) 65; BRUNNHUBER (1951) 37-38.

[386] Vgl. JOFFROY (1957).

[387] Vgl. JOFFROY (1957) Fig. 74, 10; 67.

[388] Vgl. JOFFROY (1957) 261.

[389] Zur Datierung vgl. ALTHEIM-TRAUTMANN (1937) 94.

[390] Vgl. die Abb. 16-18 bei ALTHEIM-TRAUTMANN (1937).

[391] Vgl. Abbildung 28.

[392] Vgl. Archäologischer Anzeiger (1931) Abb. 1; BRUNNHUBER (1951) 40.

[393] Vgl. KOSSACK (1959) 90.

[394] Zur Datierung vgl. PITTIONI (1949) 140.

[395] Vgl. PITTIONI (1949) 140; danach sind die Fundumstände nicht sicher bekannt.

[396] Vgl. Abb. 1 bei PITTIONI (1949).

[397] Vgl. Abb. 4, 13 bei FORRER (1932).

[398] Vgl. Karte 13 und Abbildungen 29, 30, 31.

[399] Vgl. z. B. die niederländischen Verhältnisse: OUDEMANS (1926) 55-56.

[400] Vgl. die allgemeinen Verbreitungskarten für den vierrädrigen Wagen bei DEFFONTAINES (1938) Tf. 11 und HAUDRICOURT (1948) Fig. 11, die sich in einigen Punkten widersprechen.

[401] Vgl. BERG (1935) 156.

[402] Vgl. BERG (1935) Karte auf S. 152.

[403] Vgl. BERG (1935) 156; hier vielleicht schon russischer Einfluß.

[404] Vgl. BERG (1935) 156.

[405] Vgl. HAMM (1845) 505-507; TEBUTT (1955).

[406] Vgl. OUDEMANS (1926) 75-113;SYBRANDI (1953); ELEMANS (1958); LAKO (1911).

[407] Vgl. BERG (1935) 156.

[408] Vgl. BRUNHES (1926) 207-212; DEFFONTAINES (1938); CAPOT-REY (1946) 89; für die südfranzösischen Alpen vgl. KRUSE (1934) 76; für die französischen Zentralpyrenäen vgl. SCHMOLKE (1938) 64; KRÜGER (1936) 234-236.

[409] Vgl. das ADV-Material zur Frage 98; BALKENHOLL (1929)

60-76; LENGSFELD (1942) 17-42.

410 Vgl. BROCKMANN-JEROSCH (1929) und (1931); SCHEUERMEIER (1956) 136-156 und Karte 8; ANDEREGG (1896) 6 und (1898) 826-827.

411 Vgl. SCHEUERMEIER (1956) 136-156 und Karte 8.

412 Vgl. BERG (1935) 156.

413 Vgl. LOUDON (1827) Abb. 77.

414 Vgl. BERG (1935) 156; für Estland vgl. LEINBOCK (1932) 35.

415 Besonders in einer keilförmigen Zone bis zu dem Uralrand; vgl. BERG (1935) 156; MOSZYŃSKI (1929); ZELENIN (1927); HAUDRICOURT (1948).

416 Vgl. BERG (1935) 156; für die Steiermark vgl. BEIN (1914).

417 Vgl. BERG (1935) 156.

418 Vgl. BERG (1935) 156; TEUTSCH-FUCHS (1905) 149; PAGAHAGI (1928-30).

419 Vgl. BERG (1935) 156-157; für Bosnien vgl. HABERLANDT (1928) 396; für Slowenien vgl. LOUDON (1827) Abb. 70.

420 Vgl. BERG (1935) 156-157.

421 Vgl. Abbildung 31.

422 Vgl. diese Bezeichnung bei OUDEMANS (1926) 73-75 und BERG (1935) 164-165, die sich in den dort genannten Fällen allerdings immer auf eine Kombination von zweirädrigen Wagen mit Gabeldeichsel bezieht.

423 Vgl. Abbildungen 32, 33, 34; vgl. das Material des ADV zur Frage 97; KESSLER (1952) 5; BALKENHOLL (1929) 56-57; LAUER (1961) 18.

424 Vgl. Abbildung 30.

425 Vgl. OUDEMANS (1926) 73-75.

426 Vgl. BERG (1935) 164-165.

427 Vgl. Abbildung 37 und BERG (1935) 164.

428 Vgl. BERG (1935) 165.

429 Vgl. BERG (1935) 165.

430 Vgl. BERG (1935) 165.

431 Vgl. Abbildung 38 und OUDEMANS (1926) 73-75.

432 Vgl. die Abbildungen 35, 36 und LAUER (1961) 19-25; BALKENHOLL (1929) 54-55.

433 Vgl. SCHEUERMEIER (1956) 154, Karte 8 und Abb. 248.

434 Diese sachtypologische Herleitung wird u.a. vertreten von: HAMM (1845) 508; MÖTEFINDT (1918) 37; BERG (1935) 162-165; HAUDRICOURT (1948) 56-57; SCHEUERMEIER (1956) 154; OUDEMANS (1926) 73; WILKINSON (1878) 120.

435 Dieser Typ ist in der Form D, 1 (vgl. Abbildung 32-34) und D, 2 (vgl. Abbildung 35-38) belegt.

436 Zumindest eine Gleichzeitigkeit von vierrädrigen Wagen mit Langbaum und zweirädrigen Wagen mit Stangendeichsel beweisen die skandinavischen Felszeichnungen (vgl. HAGEN (1955)) und die Darstellungen auf den westpreußischen Gesichtsurnen (vgl. LA BAUME (1924)).

437 Vgl. Abbildung 39, die diese Gestellkonstruktion auch noch in der Gegenwart für Mitteldeutschland belegt.

438 Vgl. Karte 11.

439 Vgl. die Kombinationsform des rheinpfälzischen Pflugkarren; vgl. die Abbildungen 32-34.

440 Vgl. MÜLLER-KARPE (1956) 73.

441 PITTIONI (1949) 145.

442 Vgl. Karte 14. In dem ungarisch-balkanischen Raum konnte der vierrädrige Wagen mit Langbaumverbindung sich nicht durchsetzen, da in diesem Gebiet bereits der vierrädrige Wagentyp ohne Langbaum vorhanden war. Ein möglicher Einfluß zeigt sich in der vielleicht geänderten Gestellkonstruktion bei der Darstellung auf den Oedenburger Urnen (vgl. Anm. 379).

443 Vgl. die Karte bei PITTIONI (1940) nach S. 204; bei NARR (1957) auf S. 222 oben und bei PIGGOTT (1965) Fig. 79 (=Karte).

444 Vgl. den Abschnitt 2.1.2.2.

445 Vgl. die Karten 15-17.

446 Vgl. die Abschnitte 2.4.1. - 2.4.4. und die Karten 8-9.

447 Vgl. z.B. die überragende Bedeutung des Variationstyps B II, 2 in seiner Funktion als Streitwagen, die allerdings auf einen relativ kurzen Zeitraum um die Mitte des 2. Jts. v. Chr. beschränkt bleibt.

448 Vgl. Karte 15.

449 Vgl. jedoch auch die Rekonstruktion der Wagenteile aus dem Steinkistengrab von Adiaman am Sevansee (vgl. HANČAR (1956) Tf. 6), das Tonmodell aus Cypern (vgl. STUDNICZKA (1907) Abb. 30); und die Darstellung aus dem Ferghana-Hochtal (vgl. den Abschnitt 2.4.3.).

450 Vgl. BREUIL (1933-35) Fig. 20; CHILDE (1952) 192-193; CLARK (1952) 304 und Fig. 167; HANČAR (1956) 449-450 und Fig. 17.

451 Vgl. Abbildung 15 und CLARK (1952) 304; HANČAR (1956) 449.

452 Vgl. CHILDE (1952) 192-193.

453 Vgl. Karte 15.

454 Vgl. Abbildung 40 und KOTHE (1953) Abb. 8 und (1953a) 751 und Abb. 11b.

455 Vgl. LANG (1930) Foto auf S. 63.

456 Für Tiflis vgl. LANE (1935) Tf. 2.

457 Vgl. Abbildung 41 und LECHLER (1933) Abb. 15; WRIGHT (1956).

458 SCHEUERMEIER (1956) 141-143 und Karte 8; für die Marken vgl. PHIELER (1934).

459 Vgl. Abbildung 42 und HANČAR (1956) Abb. 15 auf S. 448; SCHEUERMEIER (1956) 141-143 und Karte 8.

460 Vgl. die Abbildungen 43, 44; vgl. ARANZADI (1896); KRÜGER (1925) 195-221 und (1927) 72-78; MESSERSCHMIDT (1931) 144-145; EBELING (1932) 57-60; FERNÁNDEZ (1938).

461 Vgl. HAUDRICOURT-BRUNHES-DELAMARRE (1955) 161 und Fig. 48.

462 Vgl. KOTHE (1953a) 751.

463 Ob jedoch die Spreizung des Langbaumes oder der Stangendeichsel in einer sachtypologischen Verbindung zum Jochschleifengestell steht, kann in diesem Zusammenhang nicht erörtert werden.

464 Vgl. Karte 15.

465 Vgl. HANČAR (1956) 173-174 und Tf. 6; und die dort angeführte Literatur.

466 Vgl. HANČAR (1956) 172.

467 Vgl. OFFORD (1902) 131.

468 Vgl. PRAUSNITZ (1916) 24.

469 Vgl. Karte 15 und die Abbildungen 45, 46.

470 Vgl. BALKENHOLL (1929) 55, 57-58 und Karte 3; KESSLER (1952) 4; LAUER (1961) 18-19.

471 Vgl. OUDEMANS (1926) 66-73; DROEMER (1929); LAKO (1911).

472 Für Flandern vgl. DEFFONTAINES (1938) 117.

473 Vgl. LOUDON (1827) 551: nur vereinzeltes Vorkommen; HAMM (1845) 520.

474 Vgl. HAMM (1845) 520.

475 Vgl. OUDEMANS (1926) 69 : hier "fast das einzige Transportmittel".

476 Vgl. die Funktion im sekundären Entwicklungsraum und z. B. die Darstellung eines Lasttransportes mit Hilfe des Variationstyps B II, 2 bei LEFEBVRE des NOËTTES (1931) Fig. 23, 30.

477 Vgl. Karte 16.

478 Vgl. die Abschnitte 2. 4. 1. - 2. 4. 4. und die Karten 8-9.

479 Vgl. BERG (1935) 120-121; MAHR (1934) 55-59; MÖTEFINDT

(1918).

480 Vgl. HANČAR (1956) 488.

481 Vgl. HANČAR (1956) 494-499, 528-534.

482 Vgl. die reichhaltige Literatur zu diesem Themenkreis: TYLOR (1881); BAUMEISTER (1888); KARNER (1891); THRAEMER (1901); NUOFFER (1904); STUDNICZKA (1907); MERCKLIN (1909); SCHUMACHER (1911); SCHOENBECK (1912); MÖTEFINDT (1917) 210-217; ERMAN-RANKE (1923); LEHNER (1923); HEILBRONNER (1923); SCHMIDT-KOPPERS (1924); LA BAUME (1924) 5; PRZEWORSKI (1929), (1935); EBERT (1929); PITTIONI (1929); SCHÄFER (1931); GÜNTHER (1933); LECHLER (1933); POPPLOW (1934); HERMES (1935-36); WOLFF (1936); SPENGLER (1937); WIESNER (1939); CHILDE (1941), (1952), (1954); CLARK (1941), (1952) 303-304, 390; HANČAR (1943), (1956) 472-535; BAUERSFELD (1944); FOX (1946); SCHACHERMEYR (1951); HAGEN (1955); JOFFROY-BRETZ-MAHLER (1959); JOFFROY (1963); POWELL (1963); SMOLIAN (1964) 12-27; DEWALL (1964); TREUE (1965); WATSON (1966) 76-82.

483 Vgl. KARTE 2 bei SMOLIAN (1964); vgl. Abbildung 47-64.

484 Die schon um 1900 v. Chr. aus Kültepe stammenden kappadokischen Tafelhüllen stellen einen vierrädrigen Streitwagen dar und gehören hinsichtlich des Wagentyps nicht in diesen Zusammenhang; vgl. SCHACHERMEYR (1951) 707-708. Die zwischen 1900 und 1700 v. Chr. liegenden literarischen Erwähnungen des Streitwagens (vgl. HANČAR (1956) 483-485; SMOLIAN (1964) 12) geben keine Beschreibung, so daß nicht zu klären ist, um welche Art des Streitwagens es sich handelt.

485 Diese Datierung nach WATSON (1966) 76-82 widerspricht dem sonst üblichen Ansatz um 1500 v. Chr., fügt sich aber mit der späteren Zeitstellung wesentlich richtiger in eine kontinuierliche Ausbreitung ein; vgl. Karte 16 vgl. den Zeitansatz um 1300 v. Chr. bei DEWALL (1964) z. B. S. 98: "ist nur ein ungefährer Anhaltspunkt und nicht unmittelbar gesichert" und bes. S. 107.

486 Vgl. auch die zeitlich etwas späteren Wagendarstellungen der oberitalischen Situlen, vgl. LUCKE-FREY (1962).

487 Vgl. auch die Darstellungen zweirädriger Wagen mit Stangendeichsel auf den Gesichtsurnen (Elsenau II, Ostroschken), Westpreußen: LA BAUME (1924) 19-20 und Abb. 15-16.

488 Vgl. Karte 17 und die Abbildungen 65-67.

489 Vgl. LALOY (1904) 189-190.

490 Vgl. ARANZADI (1896); KARUTZ (1898); KRÜGER (1925) 195-227, (1927) 74-78 und (1936) 234-236; FERNÁNDEZ (1938); EBELING (1932) 54-94; MESSERSCHMIDT (1931) 143-153; das nordostspanische Gebiet scheint in den Einflußbereich des zweirädrigen südfranzösischen Wagens mit Gabeldeichsel gekommen zu sein, während das Vorkommen auf den Azoren durch spanisch-portugisische Einwirkungen zu erklären ist; vgl. TYLOR (1881) Fig. 12.

491 Vgl. SCHEUERMEIER (1956) 143-145 und Karte 8 (mit Ausnahme der Lombardei); für die Marken vgl. PHIELER (1934) 73-75; für Sardinien vgl. WAGNER (1921) 66-72; HABERLANDT (1928) 138; für Sizilien vgl. PITRÉ (1913) 356.

492 Vgl. HABERLANDT (1917) 48.

493 Vgl. NOPCSA (1925) 138; HABERLANDT (1928) 48.

494 Vgl. LOUDON (1827) Fig. 105; HABERLANDT (1917) 48.

495 Vgl. NOPCSA (1925) 138.

496 Vgl. ZELENIN (1927) 138.

497 Vgl. BERG (1935) 105.

498 Vgl. OHNEFALSCH-RICHTER (1913).

499 Vgl. ENDRES (1916) 232; BYHAN (1923) 393.

500 Vgl. BYHAN (1923) 376; BERG (1935) 105.

501 Vgl. BYHAN (1923) 376, 393; BERG (1935) 105.

502 Vgl. die Abschnitte 2.4.2. - 2.4.4. und Karte 11.

503 Vgl. Karte 11; da dieser Wagentyp immer an Lasttransport gebunden erscheint, muß der Zeitraum seiner Verbreitung vor der des Streitwagens angenommen werden.

504 Vgl. OUDEMANS (1926) 67, der eine entwicklungsgeschichtliche Herleitung des dreirädrigen Wagens aus dem zweirädrigen ebenfalls ablehnt.

505 Vgl. Karte 13.

506 Diese Erscheinung ergibt sich jedoch erst aus der heutigen Verteilung (vgl. Karte 26 bei DRAWER (1959)), die natürlich nicht ohne Bedenken auf frühere Verhältnisse angewandt werden kann.

507 Vgl. auch die in diesem Bereich noch vorhandene 'krumme Deichsel', die OUDEMANS (1926) 55 als eine Übergangsform von der Anspannungsart des dreirädrigen Wagens zu der des vierrädrigen Wagens mit Stangendeichsel ansieht.

508 JACOBEIT (1948) 76.

509 Vgl. JACOBEIT (1948) 77-78.

510 Vgl. die Abschnitte 2.4.2. - 2.4.4. und Karte 11.

511 Vgl. SMOLIAN (1964) 12; CHILDE (1941) 197-198; HANČAR (1956) 502, 522. Dagegen die Auffassung einer nordischen Herkunft bei MÖTEFINDT (1917) bes. 215; WAHLE (1929) 237. In den Ebenen von Südrußland bis zur Mongolei sucht SPENGLER (1937) 283 das Entstehungsgebiet des Streitwagens.

512 Vgl. z.B. das Kupfermodell aus Tell Agrab um 2700-2350 v. Chr.

513 Vgl. z.B. die Darstellung auf der sogenannten Standarte aus Ur um 2700-2350 v. Chr.

514 Vgl. z.B. die kappadokischen Rollsiegel, die Radmodelle mit aufgemalten Speichen aus Tschagar-Bazar. Die Entstehung des Speichenrades kann im Zusammenhang dieser Untersuchung nicht eingehend behandelt werden, sondern muß hier als gegeben vorausgesetzt werden.

515 Vgl. Karte 8; WAHLE (1929) 236 zieht den osteuropäischen oder aralo-kaspischen Raum in seine Betrachtungen ein.

516 Vgl. SCHÄFER (1931) bes. Karte 1.

517 Vgl. HANČAR (1956) 485-488, 494-499.

518 Vgl. HANČAR (1956) 527-535.

519 HANČAR (1956) 522.

520 Vgl. die Zusammenfassung bei EBERT (1929) 231-243; hier allerdings z.T. von nicht zutreffenden Ausgangsgebieten ausgehend; vgl. auch WIESNER (1939); STUDNICZKA (1907).

521 Zu dem methodischen Vorgehen ist zu bemerken, daß die Verteilungen in beiden Zeitschichten nicht ohne Bedenken zu vergleichen sind, da jeweils verschiedenartige Nutzungsweisen dieses Wagentyps vorliegen.

522 Vgl. WIESNER (1939); PRZEWORSKI (1935) 228.

523 Vgl. Karte 17.

524 Vgl. CAPOT-REY (1946) Karte auf S. 152-153.

525 OUDEMANS (1926) 61 sieht ethnische Bedingungen in dieser eigentümlichen Verbreitung.

526 Vgl. die Bedeutung einer solchen sachkartographischen Rekonstruktion für die Sachgeographie bei PESSLER (1914) 163.

527 Damit scheidet die Möglichkeit einer neuzeitlichen Umbildung aus.

528 Vgl. den Abschnitt 2.1.2.1.

529 Vgl. Karte 19 und die Abbildungen 68, 69.

530 Vgl. den Abschnitt 2.4.5. und die Karten 9-10.

531 Vgl. TREUE (1965) 72-86; LEFEBVRE des NOËTTES (1924) 123, 126; SMOLIAN (1964) 25.

532 Vgl. dazu die Darstellung des deutschen Sachkomplexes 1 bei PUTSCHKE (1970) : Entwurf eines worttopologischen Darstellungsmodells. Ein Beitrag zur strukturellen Onomasiologie. Hildesheim. (Germanistische Linguistik 5).

533 Vgl. Karte 19 und die Abbildungen 70-75; vgl. auch die Karte Tf. 11 bei DEFFONTAINES (1938). Für den westeuropäischen Raum erkennt KESSLER (1952) 4 eine zahlen- wie auch grössenmäßige Abnahme nach der Peripherie dieses Gebietes hin.

534 Vgl. BERG (1935) 110.

535 Vgl. BERG (1935) 110.

536 Vgl. BERG (1935) 110 und Karte auf S. 107.

537 Vgl. BERG (1935) 110.

538 Vgl. BERG (1935) 110.

539 Vgl. LOUDON (1827) Fig. 80; LEINBOCK (1932) 35; BERG (1935) 110.

540 Vgl. ZELENIN (1927) 138.

541 Vgl. LUCAS (1952).

542 Vgl. LOUDON (1827) 548 und Fig. 334; HAMM (1845) 441-444; TEBUTT (1955).

543 Vgl. LOUDON (1827) Fig. 355; HAMM (1845) 488-502; FOX (1931) 188 und Tf. 7.

544 Vgl. BERG (1935) 110-111.

545 Vgl. ADV-Material zur Frage 97; KESSLER (1952) 4-5; LENGSFELD (1942) 42-49; BALKENHOLL (1929) 41-54;

546 Vgl. OUDEMANS (1926) 56-65; ELEMANS (1958); LAKO (1911).

547 Vgl. DEFFONTAINES (1938).

548 Vgl. DEFFONTAINES (1938); CAPOT-REY (1946); für die Bretagne vgl. GIESE (1931) 365 und HABERLANDT (1912) 8.

549 Vgl. RÜTIMEYER (1924) 297 und Abb. 150; BROCKMANN-JEROSCH (1929) 196, 260 und Abb. 233-234; ANDEREGG (1898) 826-827.

550 Vgl. THEDE (1933) 364.

551 Vgl. SCHEUERMEIER (1956) 145-147.

552 Angaben nach BERG (1935) 111; vgl. dort auch die weitere Literatur.

553 Vgl. BYHAN (1923) 340-365.

554 Vgl. BYHAN (1923) 600.

555 Vgl. die Abbildung in GLOBUS (1898) auf S. 252.

556 Für das Amurgebiet vgl. STÖTZNER (1930) bes. 311-312.

557 Vgl. KARUTZ (1898) 337.

558 Vgl. den Abschnitt 2.4.5. und Karte 11.

559 Vgl. Karte 10.

560 Die Darstellungen aus dem römischen Bereich bleiben Einzelbelege, die offensichtlich im Zusammenhang mit der frühen bis in den mediterranen Raum gehenden Einflußrichtung der Gabeldeichsel stehen; vgl. z.B. die Abb. 1622 bei BAUMEISTER (1888).

561 STREUBEL (1954) 83.

562 GRAND (1950).

563 Diese Anspannungsart ist bisher in der Literatur als sachtypologische Entwicklungsstufe übersehen worden.

LITERATUR

ACHENBACH, B. von 1921: Anspannen und Fahren. Berlin.

ALTHEIM, F. - TRAUTMANN, E. 1937: Nordische und italische Felsbildkunst. In: Die Welt als Geschichte 3. 83-113. Stuttgart.

ALTHEIM, F. - TRAUTMANN, E. 1938: Neue Felsbilder aus der Val Camonica: Die Sonne in Kult und Mythos. In: Wörter und Sachen 1. 12-45.

ALTHIN, C.A. 1945: Studien zu den bronzezeitlichen Felszeichnungen von Skåne. Lund, København.

ANDEREGG, F. 1896: Illustriertes Lehrbuch für die gesamte schweizerische Alpwirtschaft. Teil 1. Bern.

ANDEREGG, F. 1898: Illustriertes Lehrbuch für die gesamte schweizerische Alpwirtschaft. Teil 2-3. Bern.

ANDRAE, E.W. - WATZINGER, C. 1939: Vorderasien. In: Handbuch der Archäologie im Rahmen des Handbuchs der Altertumswissenschaft. Hrsg. von Walter OTTO. Bd. 1: Textband. München. 643-796.

ARANZADI, T. de 1896: Der ächzende Wagen und Anderes aus Spanien. In: Archiv für Anthropologie 24. 215-225. Braunschweig.

ARTAMONOV, M.I. 1933: K istorii sredstv peredviženija. In: Problemy Gosudarstvennaja Akademija Istorii Material'noj Kul'tury. Leningrad. Moskau. 23-32.

ASHBY, T. 1932: Das römische Straßennetz in Südetrurien in seiner Beziehung zu dem der etruskischen Periode. In: Klio. Beiträge zur alten Geschichte 25. 114-117.

AUBIN, H. 1948: Vom Absterben antiken Lebens im Frühmittelalter. In: Antike und Abendland 3. 88-119.

BALKENHOLL, J. 1927: Die zweirädrige Karre in der Landwirtschaft. In: Die deutsche Landwirtschaftliche Presse 54. Nr. 42 Beilage: "Die Landarbeit" 4 Nr. 10. 582-645.

BALKENHOLL, J. 1929: Deutsche Ackerwagen. Eine arbeitswissenschaftliche Studie. Diss. Göttingen. (Studien über Landvolk und Landarbeit 1. Berlin.)

BARB, A.A. 1947: Zur Deutung der sogenannten Deichselwagen und verwandter Geräte. In: Mitteilungen der Österreichischen Gesellschaft für Anthropologie, Ethnologie und Prähistorie 73-77. 139-151.

BARTELS, A. 1900: Der Bauer in der deutschen Vergangenheit. Leipzig.

BAUERSFELD, H. 1933: Die Kriegsaltertümer im Lebor na

hUidre. In: Zeitschrift für celtische Philologie 19. 294-345.

BAUERSFELD, H. 1944: Streitwagen bei Kelten und Germanen. Uppsala, Stockholm. (Veröffentlichungen des deutschen wissenschaftlichen Instituts Stockholm 1. Nr. 1).

BAUMEISTER, A. 1888: Denkmäler des klassischen Altertums zur Erläuterung des Lebens der Griechen und Römer in Religion, Kunst und Sitte. München, Leipzig.

BECHTEL, H. 1951: Wirtschaftsgeschichte Deutschlands. Von der Vorzeit bis zum Ende des Mittelalters. 2. Aufl. München.

BECK, Chr. 1925: Gerätenamen. Aus der Mundart des unteren Wiesenthales (Pretzfeld). In: Nürnberger Beiträge zur Volks- und Altertumskunde. 1925. 68.

BECKER, A. 1925: Pfälzer Volkskunde. Bonn, Leipzig.

BEHLEN, H. 1904: Der Pflug und das Pflügen bei den Römern und in Mitteleuropa. Dillenburg.

BEHRENS, H. 1957: Kritische Bemerkungen zu einigen Auffassungen über die Form des ältesten neolithischen Bodenbaues in Mitteleuropa. In: Agrarethnographie. Vorträge der Berliner Tagung vom 29. Sept. bis 1. Okt. Berlin. 51-67. (Deutsche Akademie der Wissenschaften zu Berlin. Veröffentlichungen des Instituts für Deutsche Volkskunde 13.)

BEIN, L. 1914: Beitrag zur Kenntnis des obersteirischen Haus- und Ackergerätes und zum steirischen Wortschatz. In: Mitteilungen der Anthropologischen Gesellschaft in Wien 44. 165-221.

BELLA, L. 1894: Ausgrabungen auf dem Burgstall bei Oedenburg. In: Mitteilungen der Anthropologischen Gesellschaft in Wien 24. 59-62.

BERG, G. 1935: Sledges and wheeled vehicles. Ethnological studies from the view-point of Sweden. Stockholm, Copenhagen.

BICHIR, GH. 1964: Autour du problème des plus anciens modèles de chariots découverts en Roumanie. In: Dacia N. F. 8. 67-86.

BIELENSTEIN, A. 1892: Die Grenzen des lettischen Volksstammes und der lettischen Sprache in der Gegenwart und im 13. Jahrhundert. St. Petersburg.

BIEŃKOWSKI, P. 1902: Über skythische Wagen. In: Wiener Studien. Zeitschrift für klassische Philologie 21. 394-397.

BING, J. 1918: Der Kultwagen von Strettweg und seine Gestalten. In: Mannus 10. 158-178.

BLÜMNER, H. 1911: Die römischen Privataltertümer. München.

BOMANN, W. 1929: Bäuerliches Hauswesen und Tagewerk im alten Niedersachsen. 2. Aufl. Weimar.

BÓNA, I. 1960: Clay models of bronze age wagons and wheels in the Middle Danube Basin. In: Acta Archaeologica. Budapest. 12. 82-111.

BORDONA, J.D. 1930: Die spanische Buchmalerei vom 7. bis 17. Jahrhundert. Bd. 1-2. Florenz, München.

BOUMPHREY, G.M. 1932: The story of the wheel. London.

BOYER, M.N. 1959: Mediaevel suspended carriages. In : Speculum 34. 359-366.

BRABER, H. 1948: Achter kromme dissel; bijdragen over boerenwagens en andere voertuigen. Amsterdam.

BRABER, H. 1950: Het voertuig in Overijssel. Amsterdam.

BRABER, H. 1950a: Van klep tot krat; bijdragen over boerenwagens en andere voertuigen. Amsterdam.

BRABER, H. 1956: De versiering van de Nederlandse boerenwagen. In: Ars folklorica belgica 2. 105-133.

BRANDENSTEIN, W. 1936: Die Lebensformen der Indogermanen. In: Wiener Beiträge zur Kulturgeschichte und Linguistik 4. Salzburg, Leipzig.

BRAUNGART, R. 1881: Die Ackerbaugeräte in ihren praktischen Beziehungen wie nach ihrer urgeschichtlichen und ethnographischen Bedeutung. Mit einem Atlas von 48 Tafeln. Heidelberg.

BREUIL, H. 1933-35: Les peintures rupestres schématiques de la Péninsule Ibérique. Bd. 1-4. Lagny.

BROCKMANN-JEROSCH, H. (Hrsg.) 1929: Schweizer Volksleben. Sitten, Bräuche, Wohnstätten. Bd. 1. Zürich.

BROCKMANN-JEROSCH, H. (Hrsg.) 1931: Schweizer Volksleben. Sitten, Bräuche, Wohnstätten. Bd. 2. Zürich.

BRUNHES, J. 1920: La géographie humaine de la France. Bd. 1. Paris.

BRUNHES, J. 1926: La géographie humaine de la France. Bd. 2. Paris.

BRUNNHUBER, G. 1951: Der vierrädrige Wagen in Vorzeit und Antike. Diss. (masch.) Wien.

BULLE, H. 1948: Geleisestraßen des Altertums. (Sitzungsberichte der Bayr. Akademie der Wissenschaften. Phil.-hist. Klasse. 1947. Heft 2) München.

BUSCH, G.Chr.B. 1822: Handbuch der Erfindungen. Teil 12. Eisenach.

BYHAN, A. 1923: Nord-, Mittel- und Westasien. In: Illustrierte Völkerkunde in 2 Bänden. Hrsg. von Georg BUSCHAN. 2. und 3. Aufl. Stuttgart. Bd. 2,1. 273-420.

CAMMIN, F. 1921: Der Wagen und seine Teile. In: Niederdeutsches Jahrbuch 47. 69-71.

CAMMIN, F. 1922: Der meckelburgische Haken. In: Niederdeutsches Jahrbuch 48. 36-38.

CAPOT-REY, R. 1946: Géographie de la circulation sur les continents. Paris.

CHAPOTAT, G. 1962: Le char processionel de la Côte-Saint André. In: Gallia 2o. 35-78.

CHILDE, V.G. 1941: Horses, chariots and battle-axes. In: Antiquity 15. 196-199.

CHILDE, V.G. 1952: The first waggons and carts - from the Tigris to the Severn. In: Proceedings of the Prehistoric Society for 1951. 17. 177-194.

CHILDE, V.G. 1952a: New light on the Most Ancient East 5. Aufl. London.

CHILDE, V.G. 1954: The diffusion of wheeled vehicles. In: Ethnographisch-Archäologische Forschungen 2. 1-17.

CHILDE, V.G. 1955: Wheeled vehicles. In: A History of Technology. Hrsg. von Ch. SINGER u.a. 2. Aufl. Oxford. Bd. 1: From early times to fall of ancient empires. 716-729.

CHILDE, V.G. 1960: Vorgeschichte der europäischen Kultur. Hamburg.

CHRISTIAN, V. 1933: Untersuchungen zur nordsyrisch-'hettitischen' Kunst. In: Archiv für Orientforschung 9. 1-34.

CHRISTIAN, V. - WEIDNER, E.F. 1929: Das Alter der Gräberfunde aus Ur. In: Archiv für Orientforschung 5. 139-150.

CLARK, J.G.D. 1941: Horses and battle-axes. In: Antiquity 15. 50-70.

CLARK, J.G.D. 1952: Prehistoric Europe. The economic basis. London.

CORNIDES, M.D. 1781: Beweis, daß die Kutschen eine ungrische Erfindung, und daß selbst die in allen europäischen Sprachen beynahe ähnliche Benennung dieses Fahrzeugs in Ungarn zuerst entstanden sey. In: Ungrisches Magazin, oder Beyträge zur ungrischen Geschichte, Geographie, Naturwissenschaft, und der dahin einschlagenden Literatur 1. 15-21. Preßburg.

CORNIDES, M.D. 1782: Nachtrag einiger Bemerkungen vom Ungrischen Ursprunge der Kutschen. In: Ungrisches Magazin, oder Beyträge zur ungrischen Geschichte, Geographie, Naturwissenschaft, und der dahin einschlagenden Literatur 2. 412-465. Preßburg.

DANECKER, K. 1933: Volkskundliches und Mundartliches über

bäuerliche Geräte im Bezirk Ried im Innkreis. Diss. (Handschriftl.) Wien.

DAREMBERG, M.CH. - SAGLIO, E. 1875-1919: Dictionnaire des antiquités grecques et romaines. Bd. 1-5. Paris.

DASYPODIUS, P. 1536: Dictionarium Latinogermanicum. Straßburg.

DEFFONTAINES, P. 1937: Répartition des types de voiture. In: Mélanges de Géographie et l'Orientalisme offerts à E.F. GAUTIER. Tours. 169-185.

DEFFONTAINES, P. 1938: Sur la répartition géographique des voitures à deux roues et à quatre roues. In: Travaux du 1er Congrès International de Folklore. Paris 1937. Tours. 117-121.

DEIMEL, A. 1925-37: Šumerisches Lexikon. Teil 1-3. Rom.

DEIMEL, A. 1930: Šumerisches Lexikon. Teil 1: Lautwerte der Keilschriftzeichen in šumerischen, akkadischen und hethitischen Texten. 2. Aufl. Rom.

DEIMEL, A. 1937: Šumerisches Lexikon. Teil 3, Bd. 2: Akkadisch-šumerisches Glossar. Rom.

DEWALL, M. von 1964: Pferd und Wagen im Frühen China. Bonn.

DIEDRICHS, E. 1908: Deutsches Leben der Vergangenheit in Bildern. Jena.

DITTMANN, K.H. 1934: Die Herkunft des altägyptischen Streitwagens in Florenz. In: Germania 18. 249-252.

DONNER, K. 1915: Quelques traîneaux primitifs. In: Zeitschrift für finnisch-ugrische Sprache und Volkskunde 15. 91-104.

DRACK, W. 1958: Wagengräber und Wagenbestandteile aus Hallstattgrabhügeln der Schweiz. In: Zeitschrift für Schweizerische Archäologie und Kunstgeschichte 18. 1-67.

DRAGENDORFF, H. - KRÜGER, E. 1924: Das Grabmal von Igel. Trier.

DRAWER, K. 1959: Anspannung und Beschirrung der Haustiere. Frankfurt.

DRECHSLER, P. 1899: Des schlesischen Bauern Werkzeug und Hausgerät. In: Mitteilungen der schlesischen Gesellschaft für Volkskunde 6. 57-66. Breslau.

DROEMER 1929: Der Holländische Dreiradkarren. In: Deutsche landwirtschaftliche Presse 56. Nr. 4. 54.

DVOŘÁK, F. 1938: Wagengräber der älteren Eisenzeit in Böhmen. Übersetzung von C. STREIT und J. KOLLMANN. Prag.

EBELING, W. 1932: Die landwirtschaftlichen Geräte im Osten

der Provinz Lugo (Spanien). Sach- und wortkundliche Untersuchungen. Diss. Hamburg.

EBERT, M. (Hrsg.) 1929: Reallexikon der Vorgeschichte. Artikel Wagen. Bearbeitet von P. THOMSEN, E. WAHLE, E. UNGER. Berlin. Bd. 14. 231-243.

EHRENBERG, P. 1959: Betrachtungen über die Verwendung des Pferdes in der Frühzeit. In: Ethnographisch-Archäologische Forschungen 6. 7-33.

ELEMANS, J.H.A. 1958: Woord en wereld van de boer. Een monografie over het dialect van Huisseling. Utrecht , Antwerpen.

ENDRES, F.K. 1916: Die Türkei. Bilder und Skizzen von Land und Volk. München.

ERMAN, A. - RANKE, H. 1923: Ägypten und ägyptisches Leben im Altertum. Neu bearb. von H. RANKE. Tübingen.

FALKENSTEIN, A. 1936: Archaische Texte aus Uruk. Berlin.

FEHR, H. 1923: Das Recht im Bilde. Zürich, München, Leipzig.

FELDHAUS, F.M. 1914: Die Technik der Vorzeit, der geschichtlichen Zeit und der Naturvölker. Leipzig.

FERNÁNDEZ, J.L. 1938: Die Bremse am galizischen Wagen. In: Volkstum und Kultur der Romanen 11. 282-289.

FLOR, F. 1933: Beitrag zu den Problemen der arktischen Kulturgliederung. In: Mitteilungen der Anthropologischen Gesellschaft in Wien 63. 53-59.

FLOR, F. 1936: Die Indogermanenfrage in der Völkerkunde. In: Germanen und Indogermanen. Volkstum, Sprache, Heimat, Kultur. Festschrift für H. HIRT. Bd. 1. Heidelberg. 69-129.

FOERSTER, W. 1905: Der Pflug in Frankreich und Vers 296 in Karl des Großen Wallfahrt nach Jerusalem. In: Zeitschrift für romanische Philologie 29. 1-18.

FORESTIER, G. 1900: La roue. Etude paléotechnique. Paris, Nancy.

FORRER, R. 1932: Les chars cultuels préhistoriques et leurs survivances aux époques historiques. In: Préhistoire 1. 19-123.

FOX, C. 1931: Sleds, carts and waggons. In: Antiquity 5. 185-199.

FOX, C. 1946: A find of the Early Iron Age from Llyn Cerrig Bach, Anglesey. Cardiff.

FREUDENBERG, R. 1960: Ortscheid und Waage. In: Hessische Blätter für Volkskunde 51/52. 29-61.

FREY, R. 1932: Das Fuhrwesen in Basel von 1682 bis 1848, mit besonderer Berücksichtigung der schweizerischen Fuhren. Ein Beitrag zur Verkehrsgeschichte der Schweiz. Diss. Basel.

FÜRER-HAIMENDORF, C. von 1957: Vorgeschichte Indiens. In: Abriß der Vorgeschichte. Hrsg. von K. J. NARR. München. 113-121.

GARDETTE, P. 1955: La charette à deux roues d'après la carte 161 de l'atlas linguistique et ethnographique du Lyonnais. In: Miscelánea filológica dedicada a A. Griera. Instituto M. de Cervantes - Instituto de Estudios Pirenaicos. Bd. 1. Barcelona. 265-279.

GHISLANZONI, E. 1944: Una nuova tomba di guerriero scoperta a Sesto Calende. Como.

GIERL, I. 1951: Altbairische Wagen. In: Bairisches Jahrbuch für Volkskunde 1951. 164-166.

GIESE, W. 1931: Beiträge zur volkstümlichen Siedlung und Wirtschaft in den Monts d'Arrée. (Basse-Bretagne). In: Volkstum und Kultur der Romanen 4. 343-377.

GIMBUTAS, M. 1956: The prehistory of Eastern Europe. Cambridge.

GINZROT, J. Chr. 1817: Die Wagen und Fuhrwerke der Griechen und Römer und anderer alter Völker, nebst der Bespannung, Zäumung und Verbesserung ihrer Zug-, Reit- und Lasttiere. Bd. 1-2. München.

GINZROT, J. Chr. 1830: Die Wagen und Fahrwerke der verschiedenen Völker des Mittelalters und der Kutschenbau neuester Zeiten. Bd. 3-4. München.

GOLDSCHMIDT, A. 1932: Die Bronzetüren von Nowgorod und Gnesen. Marburg.

GOOSSENS, J. 1961: Mondelinge en schriftelijke methode bij het woordgeografisch onderzoek. In: Taal en Tongval 13. 185-195.

GOOSSENS, J. 1962: De isetnenstructuur van het Belgisch-Limburgs landbouwlandschap. In: Volkskunde 68. 49-66.

GOOSSENS, J. 1963: Semantische vraagstukken uit de taal van het landbouwbedrijf in Belgisch-Limburg. Antwerpen.

GRAEBNER, F. 1911: Methode der Ethnologie. Heidelberg.

GRAEBNER, F. 1923: Ethnologie. Kultur der Gegenwart, ihre Entwicklung und ihre Ziele. Teil 3. Abteilung 5. Leipzig, Berlin. 435-587.

GRAND, R. 1950: L'agriculture au moyen âge de la fin de l'empire Romain au XVIe siècle. L'agriculture à travers les âges. Paris.

GRASHOF, K. H. F. 1846: Das Fuhrwerk bei Homer und Hesiod. In: Jahresbericht über das Königliche Gymnasium zu Düsseldorf in dem Schuljahre 1845-46. Düsseldorf. 1-41.

GRAZIOSI, P. 1941: L'arte rupestre della Libia. Napoli.

GROSSER, M. 1965: Anleitung zu der Landwirtschaft (1590). Hrsg. von G. SCHRÖDER-LEMBKE. Stuttgart.

GSTREIN, F. J. 1933: Die Bauernarbeit im Oetztale einst und jetzt. Innsbruck.

GÜNTHER, A. 1933: Ein gallischer Kriegswagen in dem Früh-Latène-Gräberfeld bei Kärlich, Landkreis Koblenz. In: Forschungen und Fortschritte 9. 317-318.

GÜTHLEIN, H. 1934: Der westmittelfränkische Bräutelwagen in alter Zeit. In: Bayerischer Heimatschutz 30. 21-26.

HABERLANDT, A. 1912: Beiträge zur bretonischen Volkskunde. Wien.

HABERLANDT, A. 1917: Kulturwissenschaftliche Beiträge zur Volkskunde von Montenegro, Albanien und Serbien. Wien.

HABERLANDT, M. und A. 1928: Die Völker Europas und ihre volkstümliche Kultur. Stuttgart.

HADDON, A. C. 1908: The study of man. London.

HAGEN, A. 1955: Vognen. Et streiftog i bronsealderens kulturhistorie. In: Viking 19. 9-49.

HAHN, E. 1895: Heilige Wagen. In: Verhandlungen der Berliner Gesellschaft für Anthropologie, Ethnologie und Urgeschichte. 1895. 342-347.

HAHN, E. 1903: Die Entstehung des Rades und des Wagens. In: Internationales Centralblatt für Anthropologie und verwandte Wissenschaften 8. 1-3. Greifswald, Stettin.

HAHN, E. 1909: Entstehung der Pflugkultur. Heidelberg.

HAMM, W. 1845: Die landwirthschaftlichen Geräthe und Maschinen Englands. Braunschweig.

HANČAR, F. 1943: Ein "nordisches" Streitwagenbild im östlichen Kaukasus. In: Forschungen und Fortschritte 19. 26-28.

HANČAR, F. 1947: Hallstatt - Kaukasus. Ein Beitrag zur Klärung des Kimmerierproblems. In: Mitteilungen der Österreichischen Gesellschaft für Anthropologie, Ethnologie und Prähistorie 73-77. 152-167.

HANČAR, F. 1956: Das Pferd in prähistorischer und früher historischer Zeit. Wien, München.

HATTINGER, F. 1960: Stundenbuch des Herzogs von Berry. Bern

HAUCHEKRONE, F.W. 1816: Lehrbuch der Technologie oder Beschreibung der Künste und Gewerbe. Leipzig.

HAUDRICOURT, A.G. 1936: De l'origine de l'attelage moderne. In: Annales d'Historie économique et sociale 8. 513-522.

HAUDRICOURT, A.G. 1948: Contribution à la géographie et à l'éthnologie de la voiture. In: La revue de géographie humaine et d' éthnologie 1. 54-64.

HAUDRICOURT, A.G. - BRUNHES-DELAMARRE, M.J. 1955: L'homme et la charrue à travers le monde. 2. Aufl. Paris.

HEHN, V. 1894: Kulturpflanzen und Hausthiere in ihrem Übergang aus Asien nach Griechenland und Italien sowie in das übrige Europa. 6. Aufl. Berlin.

HEILBRONNER, H. 1923: Die Wagenseiten der syracusanischen Münzen. Ein Beitrag zur Entwicklung des Wagens, nebst Versuch einer Chronologie dieser Prägungen. Diss. (masch.) München.

HEILFURTH, G. 1962: Volkskunde. In: Handbuch der Empirischen Sozialforschung. Hrsg. von René KÖNIG unter Mitwirkung von Heinz MAUS. Stuttgart. Bd. 1. 537-550.

HELBOK, A. 1937: Grundlagen der Volksgeschichte Deutschlands und Frankreichs. Textband. Berlin, Leipzig.

HELBOK, A. 1938: Grundlagen der Volksgeschichte Deutschlands und Frankreichs. Kartenband. Berlin.

HERMES, G. 1935-36: Das gezähmte Pferd im neolithischen und frühbronzezeitlichen Europa? In : Anthropos 30. 803-823 und Bd. 31. 115-129.

HERMES, G. 1936: Das gezähmte Pferd im alten Orient. In: Anthropos 31. 364-394.

HETTNER, A. 1894: Die geographische Verbreitung der Transportmittel des Landverkehrs. In: Zeitschrift der Gesellschaft für Erdkunde zu Berlin 29. 271-289.

HEYNE, M. 1901: Fünf Bücher deutscher Hausaltertümer von den ältesten geschichtlichen Zeiten bis zum 16. Jahrhundert. Bd. 2: Das deutsche Nahrungswesen. Leipzig.

HILZHEIMER, M. 1931: Die Anschirrung bei den alten Sumerern In: Prähistorische Zeitschrift 22. 1-18.

HOERNES, R. 1891: Ausgrabungen bei Oedenburg. In: Mitteilungen der Anthropologischen Gesellschaft in Wien 21. 71-78.

HOERNES, M. - MENGHIN, O. 1925: Urgeschichte der Bildenden Kunst in Europa. 3. Aufl. Wien.

HOFFMANN, W. 1932: Rheinhessische Volkskunde. Bonn, Köln.

HOOPS, J. (Hrsg.) 1911-19: Reallexikon der germanischen Altertumskunde. Bd. 1-4. Straßburg.

HORWITZ, H. Th. 1933: Die Drehbewegung in ihrer Bedeutung für die Entwicklung der materiellen Kultur. In: Anthropos 28. 721-757.

HORWITZ, H. Th. 1934: Über das Aufkommen der "Kutschen" genannten Wagen und ihre Herkunft aus dem Orte Kozce. In: Beiträge zur Geschichte der Technik 23. 130.

HROZNÝ, B. 1940: Die älteste Geschichte Vorderasiens und Indien. Prag.

IHERING, R. von 1894: Vorgeschichte der Indoeuropäer. Aus dem Nachlaß hrsg. von Victor EHRENBERG. Leipzig.

JACOBEIT, W. 1948: Das Joch. Entwicklung, Alter und Verbreitung, dargestellt vornehmlich für den mitteleuropäischen Raum. Diss. (masch.) Göttingen.

JACOBEIT, W. 1950: Zur Altersfrage des Joches in Mitteleuropa. In: Forschungen und Fortschritte 26. 171-174.

JACOBEIT, W. 1954: Zur Geschichte der Pferdeanspannung. In: Zeitschrift für Agrargeschichte und Agrarsoziologie 2. 17-25.

JÄHNS, M. 1872: Roß und Reiter in Leben und Sprache, Glauben und Geschichte der Deutschen. Eine kulturhistorische Monografie. Leipzig.

JOFFROY, R. 1957: Les sépultures a char du premier âge du fer en France. In: Revue archéologique de l'est et du centre-est 8. 7-73, 193-263.

JOFFROY, R. 1963: La tombe a char de Pernant (Aisne). In: Gallia 21. 1-9.

JOFFROY, R. - BRETZ-MAHLER, D. 1959: Les tombes a char de La Tène dans l'est de la France. In: Gallia 17. 5-36.

KARNER, L. 1891: Über einen Bronzesitula-Fund bei Kuffarn in Niederösterreich. In: Mitteilungen der Anthropologischen Gesellschaft in Wien 21. 68-71.

KARUTZ, R. 1898: Zur Ethnographie der Basken. In: Globus 74. 333-340. Braunschweig.

KESSLER, H. 1952: Einachskarre - Zweichachswagen. Ein Vergleich. Diss. Bonn.

KIENLE, R. von 1936: Italiker und Kelten. In: Wörter und Sachen 17. 93-153.

KIESEWETTER, H. C. Ph. 1807: Praktisch ökonomische Bemerkungen auf einer Reise durch Hollstein, Schleßwig, Dithmarsen und einen Theil des Bremer und Hannöverschen Landes an der Elbe. Hof.

KLAUDER, G. 1922: Der Schleswig-holsteinische Ackerwagen. In: Die Technik in der Landwirtschaft 4. Heft 12. 283-284.

KLEIN, W. 1926: Wagen und Pflug im rheinpfälzischen Sprachschatz. In: Bairischer Heimatschutz 22. 102-121.

KLINCKOWSTROEM, C. von 1959: Geschichte der Technik. Berlin, Darmstadt, Wien.

KLINDT-JENSEN, O. 1949: Foreign influences in Denmark's Early Iron Age. In: Acta Archaeologica Kopenhagen. 20. 87-108.

KNORRING, F.P. von 1833: Gamla Finland eller det fordna Wiborgska guvernementet. Åbo.

KOEBKE, O. 1953: Werkkunde des Stellmachers und Karosseriebauers. 2. Aufl. Hamburg.

KOSSACK, G. 1959: Südbayern während der Hallstattzeit. Bd. 1-2. Berlin.

KOTHE, H. 1953: Verbreitung und Alter der Stangenschleife. In: Ethnographisch-Archäologische Forschungen 1. 74-94.

KOTHE, H. 1953a: Zur Verbreitung und Geschichte landwirtschaftlicher Arbeitsgeräte in Deutschland. In: Wissenschaftliche Annalen 2. 739-753.

KRAPPE, A.H. 1933: Le char d'Ing. In: Revue germanique 24. 23-25.

KREISEL, H. 1927: Prunkwagen und Schlitten. Leipzig.

KRIEG, H. 1931: Schleswig-Holsteinische Volkskunde aus dem Anfange des 19. Jhs. in Auszügen aus den Schleswig-Holsteinischen Provinzial-Berichten. 1. Teil: Landschaftliche und wirtschaftliche Grundlagen. Lübeck.

KRÜGER, F. 1925: Die Gegenstandskultur Sanabrias und seiner Nachbargebiete. Hamburg.

KRÜGER, F. 1927: Die nordwestiberische Volkskultur. In: Wörter und Sachen 10. 45-137.

KRÜGER, F. 1936: Die Hochpyrenäen. C. Ländliche Arbeit. Bd. 1: Transport und Transportgeräte. (Butlletí de dialectologia catalana 23. 39-240. Barcelona.)

KRUSE, H. 1934: Sach- und Wortkundliches aus den südfranzösischen Alpen. Hamburg.

KÜHN, H. 1927: Alter und Bedeutung der nordafrikanischen Felszeichnungen. In: Ipek 1927. 13-30.

KÜHN, H. 1952: Felsbilder Europas. Stuttgart.

KURTH, B. 1926: Die deutschen Bilderteppiche des Mittelalters. Bd. 1-3. Wien.

LA BAUME, W. 1924: Wagendarstellungen auf ostgermanischen Urnen der frühen Eisenzeit und ihre Bedeutung. In: Blätter für deutsche Vorgeschichte 1. 5-28.

LA BAUME, W. 1949-50: Zur Bedeutung der bildlichen Darstellungen auf Gesichtsurnen der frühen Eisenzeit. In: Prähistorische Zeitschrift 34-35. 158-178.

LA BAUME, W. 1956: Gestaltung und Bedeutung der Gesichtsdarstellung bei den hallstattzeitlichen Gesichtsurnen des nordischen Kreises. In: Kölner Jahrbuch für Vor- und Frühgeschichte 2. 102-132.

LABARTE, J. 1864-65: Histoire des arts industriels au moyen Age et a l'époque de la Renaissance. Bd. 1-4 (Text). Bd. 1-2 (Abbildungen). Paris.

LAKO, S. 1911: De Boerenwagen in Nederland. In: Mededeelingen van de Rijks Hoogere Land-, Tuin- en Boschbouwschool 4. 64-71, 102-104.

LALOY, L. 1904: Ethnographisches aus Südwest-Frankreich. II. Das Baskenland. In: Archiv für Anthropologie 2. 185-193.

LANE, R.H. 1935: Waggons and their ancestors. In: Antiquity 9. 140-150.

LANG, K. 1930: Über die Entstehung des Wagens. In: Völkerkunde 6. 58-65.

LÅNGSTRÖM, T. 1955: Svenska fordonstermer. Göteborg.

LAPORT, M.G. 1925: Diligences et malles-poste. In: Enquêtes du Musée de la Vie Wallone 2. Nr. 5. 141-148. Liège.

LAUER, H. 1961: Die Ackerfahrzeuge Nordwestdeutschlands. Diss. Würzburg.

LAUFER, B. 1931: Some fundamental ideas of Chinese Culture. In: The source Book in Anthropology. Hrsg. von KROEBER-WATERMAN. 535-545.

LEBRÜN, M. 1834: Der vollkommene Stellmacher und Wagner. Oder Anweisung, alle Arten von Wagen, Rädern, Karren, Pflügen, Schlitten u.a. Fuhrwerke nach den neuesten Verbesserungen und Vervollkommnungen anzufertigen. Quedlinburg.

LECHLER, J. 1933: Neues über Pferd und Wagen in der Steinzeit und Bronzezeit. In: Mannus 25. 123-136.

LEFEBVRE des NOËTTES, R.J.E.C. 1924: La force motrice animale à travers les âges. Nancy, Paris.

LEFEBVRE des NOËTTES, R.J.E.C. 1931: L'attelage et le cheval de selle à travers les âges. Bd. 1-2. Paris.

LEGROS, E. 1939: Le joug et la charrue en Ardenne liégeoise. In: Mélanges de linguistique romane, offerts à J. HAUST.

Liège. 249-280.

LEHNER, H. 1923: Ein gallorömischer Wagen aus Frenz an der Inde im Kreis Düren. In: Bonner Jahrbücher 128. 28-62.

LEINBOCK, F. 1932: Die materielle Kultur der Esten. Tartu.

LENGSFELD, J. 1942: Der Ackerwagen. Entwicklungsgang zum luftbereiften Fahrzeug. 3. Aufl. Berlin.

LERCH, E. 1939-40: Aristoteles, die Lokomotive und das Automobil. In: Studia Neophilologica 12. 210-236.

LESER, P. 1927: Landwirtschaftliche Sommerschlitten. In: Ethnologica 3. 38-44.

LESER, P. 1928: Westöstliche Landwirtschaft. Kulturbeziehungen zwischen Europa, dem vorderen Orient und dem Fernen Osten, aufgezeigt an landwirtschaftlichen Geräten und Arbeitsvorgängen. In: Festschrift für P.W. SCHMIDT. Hrsg. von W. KOPPERS. Wien. 416-484.

LESER, P. 1931: Entstehung und Verbreitung des Pfluges. Münster.

LEUSS, H. 1903: Zur Volkskunde der Inselfriesen. In: Globus 84. 202-206, 223-225.

LOEWENTHAL, J. 1918: Zur Erfindungsgeschichte von Rad und Wagen. In: Zeitschrift für Ethnologie 50. 204-209.

LOUDON, J.C. 1827: Eine Encyclopädie der Landwirthschaft... Bd. 1. Weimar.

LUCAS, A.T.: 1952: A block-wheel car from Co. Tipperary. In: Journal of the Royal Society of Antiquaries of Ireland 82. 135-144.

LUCAS, A.T. 1953: Block-wheel car from Slievenamon, Co. Tipperary. In: Journal of the Royal Society of Antiquaries of Ireland 83. 100.

LUCKE, W. - FREY, O.H. 1962: Die Situla in Providence. Berlin.

MACH, E. 1915: Kultur und Mechanik. Stuttgart.

MACKAY, E. 1938: Die Induskultur. Leipzig.

MAHR, O. 1934: Zur Geschichte des Wagenrades. In: Technikgeschichte. Beiträge zur Geschichte der Technik und Industrie 23. 51-61.

MARKLAND, J.H. 1821: Some remarks on the early use of carriages in England, and on modes of travelling adopted by our ancestors. In: Archaeologia 20. 443-477.

MARQUARDT, J. 1882: Das Privatleben der Römer. Teil 2. Leipzig.

MARSHALL, J. 1931: Mohenjo-Daro and the Indus civilization. London.

MARTIN, B. 1938: Erntegatter am Bauernwagen in Oberhessen und Waldeck. Ein Beitrag zur Erforschung des Arbeitsbrauchtums. In: Volkskundliche Ernte. Festschrift für Hugo HEPDING. Gießen. 151-156.

MAYBAUM, H. 1936: Beiträge zur Geschichte der germanisch-deutschen Landwirtschaft. In: Zeitschrift für Volkskunde 44. (1934). 169-178.

MEISSNER, B. 1920-25: Babylonien und Assyrien. Bd. 1-2. Heidelberg.

MEISSNER, B. 1925: Die Kultur Babyloniens und Assyriens. Leipzig.

MEITINGER, G. 1889: Benennung und Zweck der 63 Wagen und Wagenkasten. München.

MEITZEN, A. 1895: Siedelung und Agrarwesen der Westgermanen und Ostgermanen, der Kelten, Römer, Finnen und Slawen. Bd. 1-3. Berlin.

MERCKLIN, E. von 1909: Der Rennwagen in Griechenland I. Diss. Leipzig.

MERINGER, R. 1891: Studien zur germanischen Volkskunde. Das Bauernhaus und dessen Einrichtung. In: Mitteilungen der Anthropologischen Gesellschaft in Wien 21. 101-152. 22. 101-106.

MERINGER, R. 1893: Studien zur germanischen Volkskunde II. In: Mitteilungen der Anthropologischen Gesellschaft in Wien 23. 136-181.

MERINGER, R. 1903: Zur indogermanischen Altertumskunde. In: Zeitschrift für die österreichischen Gymnasien 54. Heft 5. 385-401. Wien.

MERINGER, R. 1904: Der Bronzewagen von Strettweg (Judenburg). In: Indogermanische Forschungen 16. 146-147.

MERINGER, R. 1907: Zuᶜámaksa und zur Geschichte des Wagens. Ein Beitrag zur Methode der Etymologie. In: Zeitschrift für vergleichende Sprachforschung 40. 217-234.

MESSERSCHMIDT, H. 1931: Haus und Wirtschaft in der Serra da Estrela (Portugal). In: Volkstum und Kultur der Romanen 4. 72-163; 246-305.

MITZKA, W. o.J. (1938): Volkskundliche Verkehrsmittel zu Wasser und zu Lande. In: Handbuch der deutschen Volkskunde. Hrsg. von W. PESSLER. Bd. 3. Potsdam 1-17.

MITZSCHKE, H. 1958: Herrichten des eisenbereiften Ackerwagens. Berlin.

MODE, H. 1944: Indische Frühkulturen. Basel.

MODE, H. 1959: Das frühe Indien. Stuttgart.

MOORTGAT, A. 1930: Der Kampf zu Wagen in der Kunst des Alten Orient. In: Orientalische Literaturzeitung 9. 841-854.

MÖRTEL, H. 1925: Der Kammerwagen. Ein Beitrag zur sachlichen Volkskunde. In: Frankenwald 1. 169-174.

MÖTEFINDT, H. 1917: Der Wagen im nordischen Kulturkreise zur vor- und frühgeschichtlichen Zeit. In: Studien und Forschungen zur Menschen- und Völkerkunde 14. 209-240.

MÖTEFINDT, H. 1918: Die Entstehung des Wagens und des Wagenrades. In: Mannus 10. 31-63.

MÖTEFINDT, H. 1919: Die Erfindung des Drehschemels am vierrädrigen Wagen. In: Geschichtsblätter für Technik und Industrie 6. 30-41.

MOSZYŃSKI, K. 1929: Kultura ludowa Słowian. Kraków.

MÜLLER, J.N. 1787: Versuch einer systematischen Abhandlung über das Fuhrwesen. Göttingen.

MÜLLER, J. 1929: Aus der Wortgeschichte des Saargebietes. In: Zeitschrift des Rheinischen Vereins für Denkmalspflege und Heimatschutz 22. 229-235.

MÜLLER-KARPE, H. 1956: Das urnenfelderzeitliche Wagengrab von Hart a.d. Alz. In: Bayerische Vorgeschichtsblätter 21. 46-75.

NACHOD, H. 1909: Der Rennwagen bei den Italikern und ihren Nachbarn. Diss. Leipzig.

NARR, K.J. u.a. 1957: Abriß der Vorgeschichte. München.

NAUE, J. 1887: Die Hügelgräber zwischen Ammer- und Staffelsee. Stuttgart.

NIEKERKEN, W. 1935: Das Feld und seine Bestellung im Niederdeutschen. Hamburg.

NOPCSA, F. 1925: Albanien. Bauten, Trachten und Geräte Nordalbaniens. Berlin, Leipzig.

NUOFFER, O. 1904: Der Rennwagen im Altertum I. Diss. Leipzig.

OFFORD, J. 1902: The antiquity of the four-wheeled chariot. In: Proceedings of the Society of Biblical Archaelogy 24. 130-131. Bloomsbury.

OFFORD, J. 1902a: Notes. In: Proceedings of the Society of Biblical Archaelogy 24. 308. Bloomsbury.

OHM, A. 1956: Aufnahme von volkskundlichem Sachgut im Rheinland. In: Rheinisches Jahrbuch 1. 140-145.

OHNEFALSCH-RICHTER, M. 1913: Griechische Sitten und Bräuche auf Cypern. Berlin.

OLDEBERG, A. 1954: Två förhistoriska vagnfynd från Skåne och Småland. In: Fornvännen. Meddelanden från K. vitterhets Historie och antikvitets Akademie och Svenska Fornminnesföreningen 4. 193-210. Stockholm.

OUDEMANS, T. Chr. 1926: Die Holländischen Ackerwagen. Eine arbeitswissenschaftliche Studie. Diss. Göttingen. Wageningen.

PAPAHAGI, T. 1928-30: Images d'ethnographie Roumaine. Bd. 1-2. Bukarest.

PARET, O. 1935: Das Fürstengrab der Hallstattzeit von Bad Cannstadt. In: Anhang I zu den Fundberichten aus Schwaben. N. F. 8. Stuttgart.

PESSLER, W. 1914: Aufgaben der deutschen Sach-Geographie. In: Mitteilungen aus dem Verein der Königlichen Sammlung für Deutsche Volkskunde zu Berlin 4. Heft 3. 147-167.

PFETSCH, E. 1839: Der vollkommene Wagenfabrikant mit genauen Abbildungen von allen Arten Fuhrwerken, und deren einzelnen Bestandtheilen für Wagner, Schmiede und Sattler. Carlsruhe.

PHIELER, W. 1934: Volkskundliches aus den Marken. Eine Studie aus den italienischen Provinzen der "Marche". Hamburg.

PIGGOTT, S. 1950: Prehistoric India to 1000 B.C. Harmondsworth.

PIGGOTT, S. 1965: Ancient Europe from the beginnirgs of agriculture to classical antiquity. Edinburgh.

PIRENNE, H. 1930: Le char a boeufs des derniers Mérovingiens. Note sur un passage d'Éginhard. In: Mélanges offerts à Paul THOMAS. Bruges. 555-560.

PITTIONI, R. 1929: Über den Ursprung des zweirädrigen Streitwagens. In: Sudeta. Zeitschrift für Vor- und Frühgeschichte 5. 23-29.

PITTIONI, R. 1940: Die Urnenfelderkultur und ihre Bedeutung für die europäische Geschichte. In: Zeitschrift für celtische Philologie 21. 167-204.

PITTIONI, R. 1949: Der Stein von Solaña de Cabanas. In: Mitteilungen der österreichischen Gesellschaft für Anthropologie, Ethnologie und Prähistorie 78-79. 140-146.

PITRÉ, G. 1913: La famiglia, la casa, la vita del Popolo Siciliano. Palermo.

PLONER, L. 1935: Alte Fahrzeug-Benennungen. In: Der Schlern 16. 172.

POPPE, J.H.M. 1835: Die Fuhrwerke, ihre verschiedenen Arten, ihr Bau nach den bestimmten Grundsätzen und neuesten Erfindungen ... Stuttgart.

POPPLOW, U. 1934: Pferd und Wagen im Alten Orient. Diss. Berlin.

POWELL, T.G.E. 1963: Some implications of chariotry. In: Culture and environment. Essays in honour of Sir Cyril FOX. London. 153-169.

PRAUSNITZ, G. 1916: Der Wagen in der Religion; seine Würdigung in der Kunst. Straßburg.

PROCOPÉ-WALTER, A. 1929: Zum Fortleben hethitischer Tradition in der späteren Glyptik. In: Archiv für Orientforschung 5. 164-168.

PRZEWORSKI, S. 1929: Die Rennwagen-Darstellungen in der nordsyrischen Kunst. In: Archiv für Orientforschung 5. 20-24.

PRZEWORSKI, S. 1932: Vorderasien und Osteuropa in ihren vorgeschichtlichen Handelsbeziehungen. In: Klio. Beiträge zur alten Geschichte 25. 22-31.

PRZEWORSKI, S. 1935: Besprechung zu Popplow, 1934. In: Archiv orientální 7. 227-29. Prague.

PUMPELLY, R. 1908: Explorations in Turkestan. Bd. 1-2. Washington, D.C.

RAHN, J.R. 1878: Das Psalterium Aureum von Sanct Gallen. Ein Beitrag zur Geschichte der karolingischen Miniaturmalerei. St. Gallen.

REULEAUX, F. 1875: Theoretische Kinematik. Grundzüge einer Theorie des Maschinenwesens. Braunschweig.

REICHEL, W. 1894: Homerische Waffen. Archäologische Untersuchungen. (Abhandlungen des archäologisch-epigraphischen Seminars der Universität Wien. Heft 11) Wien.

REINECKE, P. 1934: Neue vorgeschichtliche Felsbilder in Oberitalien (Val Camonica). In: Germania 18. 46-48.

REST, W. 1948: Das Grabhügelfeld von Bell im Hunsrück. In: Bonner Jahrbücher 148. 133-181.

RÜHLMANN, M. 1877: Allgemeine Maschinenlehre. 2. Aufl. Leipzig.

RÜTIMEYER, L. 1924: Ur-Ethnographie der Schweiz. Ihre Relikte bis zur Gegenwart mit prähistorischen und ethnographischen Parallelen. Basel.

SALONEN, A. 1951: Die Landfahrzeuge des alten Mesopotamien nach sumerisch-akkadischen Quellen. Eine lexikalische und kulturgeschichtliche Untersuchung. (Annales Akademiae Scientiarum Fennicae. Ser. B-72, 3.) Helsinki.

SARTORI, P. 1917: Der Seelenwagen. In: Studien und Forschungen zur Menschen- und Völkerkunde 14. 241-249.

SCHACHERMEYR, F. 1951: Streitwagen und Streitwagenbild im Alten Orient und bei den mykenischen Griechen. In: Anthropos 46. 705-753.

SCHADENDORF, W. 1959: Zu Pferde, im Wagen, zu Fuß. Tausend Jahre Reisen. München.

SCHÄFER, H. 1931: Armenisches Holz in altägyptischen Wagnereien. Die ägyptische Königsstandarte in Kadesch am Orontes. In: Sitzungsberichte der Preussischen Akademie der Wissenschaften. Phil.-Hist. Klasse. 1931. 730-742.

SCHEFFER, J. 1737: De re vehiculari veterum. In: Utriusque Thesauri antiquitatum Romanarum Graecarumque. Nova Supplementa 5. 1045-1502. Hrsg. von Joanne POLENO. Venetiis.

SCHEUERMEIER, P. 1943: Bauernwerk in Italien, der italienischen und rätoromanischen Schweiz. Bd. 1. Zürich.

SCHEUERMEIER, P. 1956: Bauernwerk in Italien, der italienischen und rätoromanischen Schweiz. Bd. 2. Bern.

SCHIEK, S. 1954: Das Hallstattgrab von Vilsingen. In: Festschrift für Peter GOESSLER. Tübinger Beiträge zur Vor- und Frühgeschichte. Stuttgart. 150-167.

SCHIFFMANN, F. 1910: Ackerwagenprüfung. (Arbeiten der Deutschen Landwirtschaftsgesellschaft. Heft 173.) Berlin.

SCHLENGER, H. 1934: Die Sachgüter im Atlas der Deutschen Volkskunde. In: Jahrbuch für historische Volkskunde 3-4. 374-377.

SCHLIEBEN, A. 1867: Die Pferde des Altertums. Leipzig.

SCHMIDT, G. 1962: Die Malerschule von St. Florian. Graz, Köln.

SCHMIDT, H. 1943: Tell Halaf I. Berlin.

SCHMIDT, L. 1947: Die Volkskunde als Geisteswissenschaft. In: Mitteilungen der Österreichischen Gesellschaft für Anthropologie, Ethnologie und Prähistorie 73-77. 115-137.

SCHMIDT, L. 1958: Nachrichten aus dem Archiv der Österreichischen Volkskunde. In: Österreichische Zeitschrift für Volkskunde 12. 157-162.

SCHMIDT, L. 1958a: Das bäuerliche Arbeitsgerät in Niederösterreich. Der Stand seiner Erforschung, dargetan am Beispiel des randbeschlagenen Spaten. In: Jahrbuch für Landeskunde von Niederösterreich 32 (1955-1956). 269-283.

SCHMIDT, L. 1959: Historische Bildzeugnisse zur Arbeitsgerätekunde. In: Österreichische Zeitschrift für Volkskunde 13. 48-52.

SCHMIDT, W. - KOPPERS, W. 1924: Völker und Kulturen. Bd. 3,1. In: Der Mensch aller Zeiten. Natur und Kultur der Völker der Erde. Bd. 1-4. Regensburg.

SCHMITT, L.E. 1954: Rezension zu Emil WERTH, Grabstock, Hacke und Pflug. Versuch einer Entstehungsgeschichte des Landbaues. Ludwigsburg 1954. In: Hessische Blätter für Volkskunde 45. 155-157.

SCHMOLKE, W. 1938: Transport und Transportgeräte in den französischen Zentralpyrenäen. Hamburg.

SCHOENBECK, R. 1912: Das Pferd und seine Darstellung in der bildenden Kunst vom hippologischen Standpunkt aus. 2. Aufl. Leipzig.

SCHRADER, O. 1886: Linguistisch-historische Forschungen zur Handelsgeschichte und Warenkunde. Teil 1. Jena.

SCHRADER, O. 1929: Reallexikon der indogermanischen Altertumskunde. 2. Aufl. Berlin, Leipzig. Bd. 2. 615-626.

SCHULTZ, A. 1892: Deutsches Leben im 14. und 15. Jahrhundert. Bd. 1-2. Prag, Wien, Leipzig.

SCHUMACHER, K. 1911: Verzeichnis der Abgüsse und wichtigeren Photographien mit Gallier-Darstellungen. (Kataloge des römisch-germanischen Central-Museums Nr. 3.) Mainz.

SCHWENTER, E. 1935: Kanzwagen 'lastwagen'. In: Germanisch-romanische Monatsschrift 23. 150-151.

SEEDORF, W. o.J.: Arbeitsbräuche in der Landwirtschaft. In: Handbuch der deutschen Volkskunde Hrsg. von Wilhelm PESSLER. Bd. 2. Potsdam. 1-32.

SEGER, H. 1931: Der Deichselwagen von Groß-Perschnitz, Kr. Militsch. In: Altschlesien. Mitteilungen des schlesischen Altertumsvereins 3. 185-204.

ŠEPER, M. 1962: Rimska kola iz Poljanca kod Ludbrega. In: Arheološki radavi i rasprave 2. 335-426. Zagreb.

SMOLIAN, J. 1964: Studien zur Entstehung und Ausbreitung des Wagens. In: Ethnographisch-Archäologische Zeitschrift 5. 1-38.

SMOLIAN, J. 1962: Zur Frage der Entwicklung der Wagenfederung. In: Blätter für Technikgeschichte 24. 144-156.

SOPRONI, A. 1953: Prehistoric cart excavated in Hungary. In: Hungarian Bulletin 153. 11. Budapest.

SOPRONI, A. 1954: A Budakalászi Kocsi. In: Folia Archaeologica 6. 29-36.

SOPRONI, A. 1954a: Un char cultuel de Budakalász. In: Folia Archaeologica 6. 198-199.

SPENGLER, O. 1937: Der Streitwagen und seine Bedeutung für den Gang der Weltgeschichte. In: Die Welt als Geschichte 3. 280-283. Stuttgart.

SPROCKHOFF, E. 1954: Nordische Bronzezeit und frühes Griechentum. In: Jahrbuch des Römisch-Germanischen Zentralmuseums 1954. 28-110. Mainz.

STÖTZNER, W. 1930: Der dahurische Karren. In: Zeitschrift für Ethnologie 62. 311-320.

STREUBEL, F. 1954: Fahren und Reiten im Übergang vom Altertum zum Mittelalter. Diss. (masch.) Hamburg.

STROH, F. 1931: "Die Bremse am Wagen" im hessischen Sprachgebiet. In: "Die Heimat". Mittelrhein und Hessenland. Monatsschrift zur Vertiefung und Auswertung des Heimatgedankens in Volksbildung und Jugendpflege 7. Heft 11. 174-176. Mainz.

STUDNICZKA, F. 1907: Der Rennwagen im syrisch-phönikischen Gebiet. In: Jahrbuch des Kaiserlich Deutschen Archäologischen Instituts 22. Heft 3. 147-196. Berlin.

SYBRANDI 1953: Jets over de boerenwagens in het Nederlands Openluchtmuseum. In: Bijdragen en mededelingen van het Rijksmuseum voor Volkskunde "Het Nederlands Openluchtmuseum" 19. Nr. 1. 2-4. Arnhem.

TEBUTT, C.F. 1955: Some cart and wagon decorations of the British Isles and Eire. In: Man. A Monthly Record of Anthropological Science 55. 113-117.

TERENOŽKIN, A.I. 1951: Skifskaja Dneprovskaja pravoberežnaja ekspedicija. In: Kratkie Soobščenija Instituta istorii material'noj kul'tury 37. 117-124. Abb. 41. Moskau.

TEUTSCH, J. - FUCHS, K. 1905: Ethnographische Mitteilungen aus den Komitaten Kronstadt und Fogaras in Siebenbürgen. In: Mitteilungen der Anthropologischen Gesellschaft in Wien 35. 133-153.

THAER, A. 1803-06: Beschreibung der nutzbarsten neuen Ackergeräthe. Hannover.

THEDE, M. 1933: Die Albufera von Valencia. In: Volkstum und Kultur der Romanen 6. 317-383.

THEUWISSEN, J. 1961: Wagens en wagenmakers in de Kempen.

In: Handelingen van het XXIVe Vlaams filologencongres. Leuven. 409-415.

THOMSEN, P. 1929: Wagen. Palästina - Syrien. In: Reallexikon der Vorgeschichte. Hrsg. von Max EBERT. Berlin. Bd. 14. 237-238.

THRAEMER, E. 1901: Form des hesiodischen Wagens. In: Straßburger Festschrift zur 46. Versammlung deutscher Philologen und Schulmänner. Hrsg. von der phil. Facultät der Kaiser-Wilhelms-Universität Straßburg. Straßburg. 299-308.

TIKKANEN, J. J. 1903: Die Psalterillustration im Mittelalter. Die byzantinische Psalterillustration. Der Utrecht-Psalter. (Acta Societatis Scientiarum Fennicae 31. Nr. 5.) Helsingfors.

TOLSTOV, S. P. 1948: Po sledam drevnechorezmijskoj civilizacii. Moskau.

TREUE, W. 1965: Achse, Rad und Wagen. Fünftausend Jahre Kultur- und Technikgeschichte. Herausgegeben im Auftrage der Bergischen Achsenfabrik Fr. Kotz & Söhne in Wiehl. München.

TUNIS, E. 1955: Wheels. A pictorical history. Cleveland, New York.

TYLOR, E.B. 1881: A introduction to the study of man and civilization. London.

TYLOR, E.B. 1881a: On the origin of the plough and wheel-carriage. In: The Journal of the Anthropological Institute of Great Britain and Ireland 10. 74-82. London.

TYRWHITT-DRAKE, G. 1952: Carriages and their history. In: Journal of the Royal Society of Arts. 1952. 167-180.

UNDSET, I. 1890: Antike Wagen-Gebilde. In: Zeitschrift für Ethnologie 22. 49-75.

UNGER, E. 1929: Wagen. Vorderasien. In: Reallexikon der Vorgeschichte. Hrsg. von Max EBERT. Berlin. Bd. 14. 238-243.

VENEDIKOV, I. 1960: Der Thrakische Wagen. Sofia.

VOLKSKUNDE, Berlin: Deutsche Akademie der Wissenschaften zu Berlin. Institut für deutsche Volkskunde.

VOLKSKUNDE, Bonn: Volkskundliche Arbeitsstelle des Landschaftsverbandes Rheinland beim Institut für geschichtliche Landeskunde an der Universität Bonn.

WAALS, J. D. van der 1964: Prehistoric disc wheels in the Netherlands. Groningen.

WAGNER, M. L. 1920: Die Beziehungen zwischen Wort- und Sachforschung. In: Germanisch-romanische Monatsschrift 8. 45-58.

WAGNER, M.L. 1921: Das ländliche Leben Sardiniens im Spiegel der Sprache. Kulturhistorisch-sprachliche Untersuchung. (Wörter und Sachen. Beiheft 4.) Heidelberg.

WAHLE, E. 1929: Wagen. Europa und Allgemein. In: Reallexikon der Vorgeschichte. Hrsg. von Max EBERT. Berlin. Bd. 14. 231-237.

WALTHER, P. 1929: Schwäbische Volkskunde. Leipzig.

WATSON, W. 1966: Early civilization in China. London.

WEIN, J. 1943: Der Fahrzeugbau. 2. Aufl. Langensalza, Berlin, Leipzig.

WERTH, E. 1954: Grabstock, Hacke und Pflug. Versuch einer Entstehungsgeschichte des Landbaues. Ludwigsburg.

WEULE, K. 1912: Die Urgesellschaft und ihre Lebensfürsorge. Stuttgart.

WIESNER, J. 1939: Fahren und Reiten in Alteuropa und im Alten Orient. (Der Alte Orient 38. Heft 2-4). Leipzig.

WILKINSON, J.G. 1878: Manners and customs of the ancient Egyptians. London.

WILLARD, J.E. 1932: The use of carts in the fourteenth century. In: History. The quarterly Journal of the historical Association 17. 246-256.

WILLE, E. 1939: Landwirtschaftliche Geräte und Fahrnisse (mundartliche Bezeichnungen ihrer Teile). In: Bayerische Hefte für Volkskunde 12. 33-34.

WOHLRAB, E.H. 1925: Wagen und Wanderung in vorgeschichtlicher Zeit. Eine kulturkundliche Unterrichtsskizze aus der Mittelstufenarbeit. In: Pädagogische Studien 46. Heft 1. 33-38. Heft 2. 63-71. Meißen.

WOLFF, M. 1936: Ein historischer Wagentyp im Feldheer Sanheribs. In: Archiv für Orientforschung 11. 231-234.

WOLFF, Th. 1909: Vom Ochsenwagen zum Automobil. Geschichte der Wagenfahrzeuge und des Fahrwesens von ältester bis zu neuster Zeit. (Wissen und Können 10.) Leipzig.

WREDE, A. 1922: Rheinische Volkskunde. Leipzig.

WRIGHT, G.R.H. 1956: Survivals from the second millennium B.C. in Modern Turkey. In: Man. A Monthly Record of Anthropological Science 56. 43-45.

WURMBACH, A. 1957: Erntegerät in Westfalen. In: Rheinisch-Westfälische Zeitschrift für Volkskunde 4. 40-61.

ZELENIN, D. 1927: Russische (Ostslavische) Volkskunde. Berlin, Leipzig.

ZIMMERMANN, R. 1929: Das Zwickauer Fuhrwesen, nach den Zwickauer Amtsrechnungen von 1502-1512. Diss. Freiburg.

ZÜRN, F. A. 1897: Geschirrkunde oder Beschirrungslehre. Leipzig.

BRUNHES-DELAMARRE, M. J. 1969: Géographie et ethnologie de l'attelage au joug en France du 17e siècle à nos jours. Uherské Hradiště. (Kultura a tradice, řada B, sv. 1).

HIRT, H. 1940: Indogermanica. Forschungen über Sprache und Geschichte Alteuropas. Ausgewählt und hrsg. von H. ARNTZ. Halle.

KRÜGER, F. 1950: Géographie des traditions populaires en France. Avec un album de 22 figures. Mendoza.

NAGEL, W. 1966: Der mesopotamische Streitwagen und seine Entwicklung im ostmediterranen Bereich. Berlin. (Berliner Beiträge zur Vor- und Frühgeschichte 10).

SCHWANTES, G. 1939: Die Vorgeschichte Schleswig-Holsteins. Neumünster.

VAKARELSKI, Ch. 1969: Bulgarische Volkskunde. Eine vom Verfasser autorisierte Übersetzung von N. DAMERAU, K. GUTSCHMIDT und N. REITER. Berlin. (Grundriß der slavischen Philologie und Kulturgeschichte. Hrsg. von Max VASMER).

ABBILDUNGEN

17: Um 2500 v. Chr.; Modell eines zweirädrigen Wagens, Chanhu-Daro. CHILDE (1952) Tf. 9, b.

18: Um 2500 v. Chr.; Tonmodell eines zweirädrigen Wagens, Industal. TREUE (1965) S. 50 oben.

19: 3. Jh. v. Chr.; Goldmodell eines zweirädrigen Wagens mit zwei Jochstangendeichseln, Amu-Darja-Schatz. TREUE (1965) S. 67.

20: 8. - 9. Jh. v. Chr.; Tonmodell eines zweirädrigen Wagens mit zwei Jochstangendeichseln, Cypern. STUDNICZKA (1907) Abb. 15.

21: 5. - 4. Jh. v. Chr.; Kalksteinmodell eines zweirädrigen Wagens mit zwei Jochstangendeichseln, Cypern. STUDNICZKA (1907) Abb. 32.

22: Erste Hälfte bis Mitte des 2. Jts. v. Chr.; Tonmodelle von vierrädrigen Wagen ohne Langbaum (A), Donauraum. PIGGOTT (1965) Abb. 48.

23: Neuzeit; vierrädriger Wagen ohne Langbaum (A), Schweden. BERG (1935) Tf. 29, 3.

24: Um 1200 v. Chr.; Felszeichnung eines vierrädrigen Wagens mit Langbaum (D), Langön. HAGEN (1955) Abb. 7.

25: Um 650 v. Chr.; Rekonstruktion eines vierrädrigen Wagenfundes mit Langbaum (D), Deibjerg. MÖTEFINDT (1917) Abb. 2.

26: 800-500 v. Chr.; Ritzzeichnung eines vierrädrigen Wagens mit Langbaum (D) auf einer Gesichtsurne, Grabau. LA BAUME (1924) Abb. 9.

27: 500-400 v. Chr.; Rekonstruktion eines vierrädrigen Wagenfundes mit Langbaum (D), Ohnenheim. FORRER (1932) Abb. 22, 2.

28: 500-400 v. Chr.; Felszeichnung eines vierrädrigen Wagens mit Langbaum (D), Val Camonica. ALTHEIM-TRAUTMANN (1937) Abb. 16.

29: Neuzeit; Konstruktionsskizze eines vierrädrigen Wagens mit Langbaum (D). LAUER (1961) Abb. 22.

30: Neuzeit; vierrädriger Wagen mit Langbaum (D), Nordwestdeutschland. (Museum Cloppenburg, Inv. Nr. 8671).

31: Neuzeit; vierrädriger Wagen mit Langbaum (D), Norddeutschland. (Landesmuseum Meldorf).

32: Neuzeit; Konstruktionsskizze des Kombinationstyps D I, 1 (Pflugkarre). LAUER (1961) Abb. 5.

33: Neuzeit; Kombinationstyp D I, 1 (Pflugkarre), Rheinland-Pfalz. (Vkd. Bonn, Neg. Nr. I, 10).

34: Neuzeit; Kombinationstyp D, 1 (Pflugkarre), Rheinland-Pfalz. KESSLER (1952) Abb. 6.

35: Neuzeit; Konstruktionsskizze des Kombinationstyps D, 1/D, 2 (Kippwagen). LAUER (1961) Abb. 8.

36: Neuzeit; Kombinationstyp D, 1/D, 2 (Kippwagen), Westfalen. KESSLER (1952) Abb. 5.

37: Neuzeit; Kombinationstyp D II, 2, Schweden. BERG (1935) Tf. 29, 2.

38: Neuzeit; Kombinationstyp D I, 2, Nordbrabant. OUDEMANS (1926) Abb. 26.

39: Neuzeit; Gestellkonstruktion eines vierrädrigen Wagens (D) mit langer Spreizung des Langbaumes und der Stangendeichsel, Mühlhausen/Thüringen. (Vkd. Berlin, 648, 34).

40: Neuzeit; zweirädriger Jochschleifenwagen (B, 1), Indien. HAUDRICOURT (1948) Abb. 8.

41: Neuzeit; zweirädriger Jochschleifenwagen (B, 1), Anatolien. WRIGHT (1956) Abb. 4.

42: Neuzeit; zweirädriger Jochschleifenwagen (B, 1), Sardinien. HAUDRICOURT (1948) Abb. 10.

43: Neuzeit; zweirädriger Jochschleifenwagen (B, 1), Spanien. KRÜGER (1925) Tf. 20, 54.

44: Neuzeit; zweirädriger Jochschleifenwagen (B, 1), Spanien. KRÜGER (1925) Tf. 22, 60.

45: Neuzeit; Konstruktionsskizze des dreirädrigen Wagens (B I, 2). DROEMER (1929) Abb. 73.

46: Neuzeit; dreirädriger Wagen (B I, 2), Nordwestdeutschland. KESSLER (1952) Abb. 4.

47: 9. Jh. v. Chr.; Streitwagen (B II, 2) auf einer Bronzeschale,

Nimrud. STUDNICZKA (1907) Abb. 12.

48: Um 1500 v. Chr.; Streitwagen (B II, 2) auf einer Goldschale, Ugarit. SMOLIAN (1964) Abb. 12.

49: Um 1000 v. Chr.; Streitwagen (B II, 2) auf Relief, Nordsyrien. STUDNICZKA (1907) Abb. 9.

50: Um 1200 v. Chr.; Streitwagen (B II, 2) auf einem Relief, das eine Hethiter-Schlacht darstellt, Abu Simbel. NUOFFER (1904) Tf. 4, 18.

51: Um 1000 v. Chr.; Streitwagen (B II, 2) auf einer Vase, Cypern. STUDNICZKA (1907) Abb. 20.

52: Um 1150 v. Chr.; Streitwagen (B II, 2) auf einem Rollsiegel, Assur. SALONEN (1951) Tf. 26, 2.

53: Um 850 v. Chr.; Streitwagen (B II, 2) auf einem Relief, Nimrud. NUOFFER (1904) Tf. 6, 25.

54: Um 700 v. Chr.; Streitwagen (B II, 2) auf einem Relief, Nimrud. NAGEL (1966) Abb. 49.

55: Um 650 v. Chr.; Streitwagen (B II, 2) auf einem Relief, Kujundschik. NUOFFER (1904) Tf. 7, 40.

56: Um 500 v. Chr.; Streitwagen (B II, 2) auf einem Siegelzylinder des Darius. TREUE (1965) Abb. auf S. 71.

57: Um 1000 v. Chr.; Streitwagen (B II, 2), China. SMOLIAN (1964) Abb. 15.

58: Um 1200 v. Chr.; Streitwagen (B II, 2) auf einem Relief, Luksor. NUOFFER (1904) Tf. 2, 10=16.

59: Um 1500 v. Chr.; Streitwagen (B II, 2) auf einer Grabstele, Mykenä SMOLIAN (1964) Abb. 17.

60: Um 1500 v. Chr.; Streitwagen (B II, 2) auf einem Sardonyx, Vaphio/Griechenland. NAGEL (1966) Abb. 31.

61: Um 700 v. Chr.; Streitwagen (B II, 2) auf einer Dipylonamphora, Athen. MERCKLIN (1909) Tf. 2, 46.

62: Um 500 v. Chr.; Streitwagen (B II, 2) auf einer Elfenbeinbüchse, Chiusi/Italien. NACHOD (1909) Tf. 1, 2.

63: Um 300 v. Chr.; Streitwagen (B II, 2) auf einem Relief, Gallier-Darstellung aus Chiusi/Italien. SCHUMACHER

(1911) Abb. 16.

64: Um 1200 v. Chr.; Streitwagen (B II, 2) auf einer Felszeichnung, Kivik/Schweden. HAGEN (1955) Abb. 9.

65: Neuzeit; zweirädriger Wagen mit Stangendeichsel (B II, 2), Italien. (Vkd. Bonn, Neg. Nr. VII, 22a).

66: Neuzeit; zweirädriger Wagen mit Stangendeichsel (B II, 2), Spanien. KRÜGER (1925) Tf. 21, 58.

67: Neuzeit; zweirädriger Wagen mit Stangendeichsel (B II, 2), Spanien (Baskisch). ARANZADI (1896) Abb. 13-14.

68: Um 200 v. Chr.; zweirädriger Wagen mit Gabeldeichsel (C, 1) auf einer Steinplatte aus einem Han-Grab, China. TREUE (1965) Abb. auf S. 76.

69: 12. Jh. n. Chr.; zweirädriger Wagen mit Gabeldeichsel (C, 1), Saint-Denis. LEFEBVRE des NOËTTES (1924) Abb. 137.

70: Neuzeit; zweirädriger Wagen mit Gabeldeichsel (C, 1), Schweden. BERG (1935) Tf. 18, 2.

71: Neuzeit; zweirädriger Wagen mit Gabeldeichsel (C, 1), Nordwestdeutschland. (Museum Cloppenburg, Inv. Nr. 8700).

72: Neuzeit; zweirädriger Wagen mit Gabeldeichsel (C, 1), Rheinland. (Niedersächsisches Heimatmuseum, Vo 1013).

73: Neuzeit; zweirädriger Wagen mit Gabeldeichsel (C, 1), Nordbrabant. OUDEMANS (1926) Abb. 13.

74: Neuzeit; zweirädriger Wagen mit Gabeldeichsel (C, 1), Belgisch-Limburg. GOOSSENS (eigene Aufnahme).

75: Neuzeit; zweirädriger Wagen mit Gabeldeichsel (C, 1), Belgisch-Limburg. GOOSSENS (eigene Aufnahme).

ABBILDUNGEN

Abb. 1

Abb. 2

Abb. 3

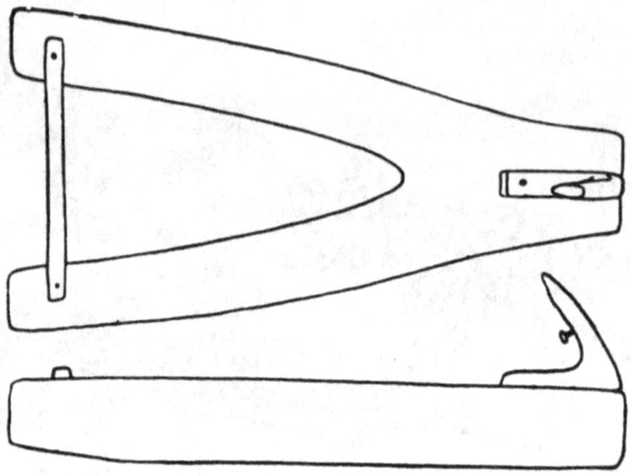

Abb. 4

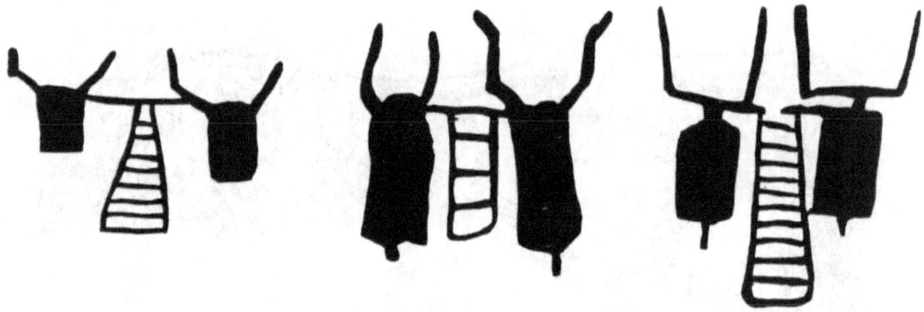

Abb. 5

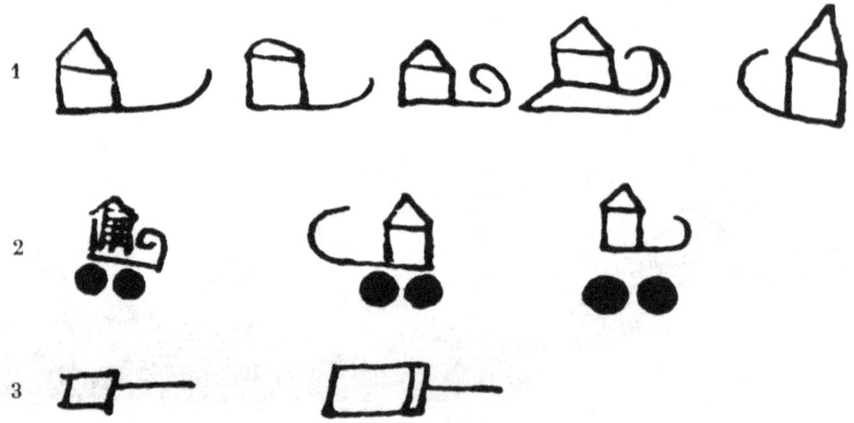

Abb. 6

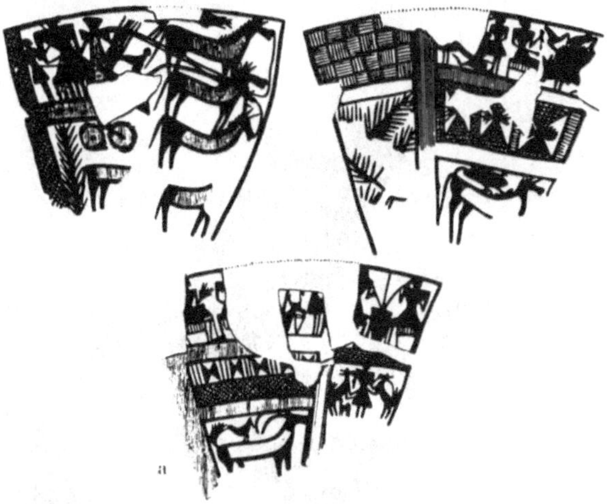

a

Abb. 7

b

Abb. 8

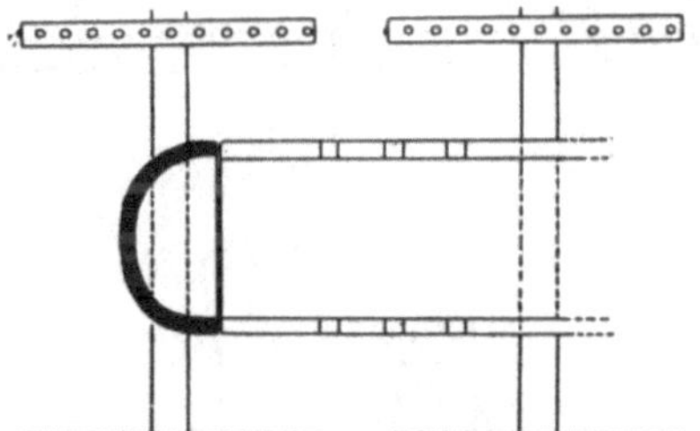

Abb. 9

Abb. 10

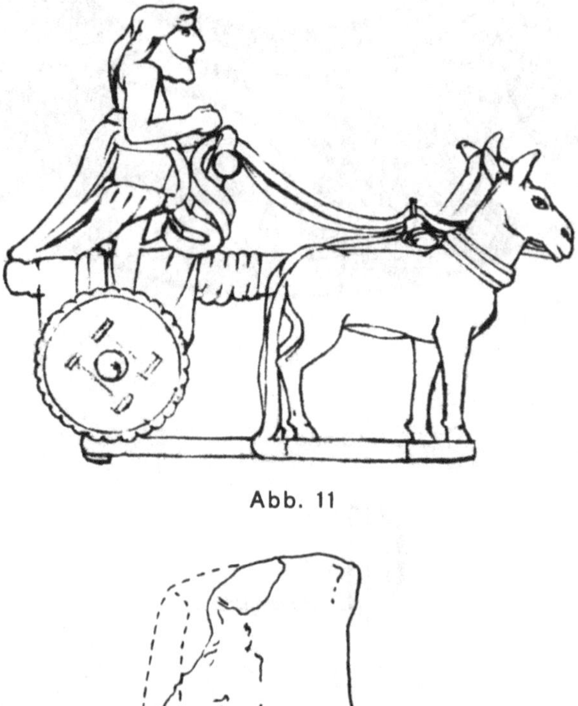
Abb. 11

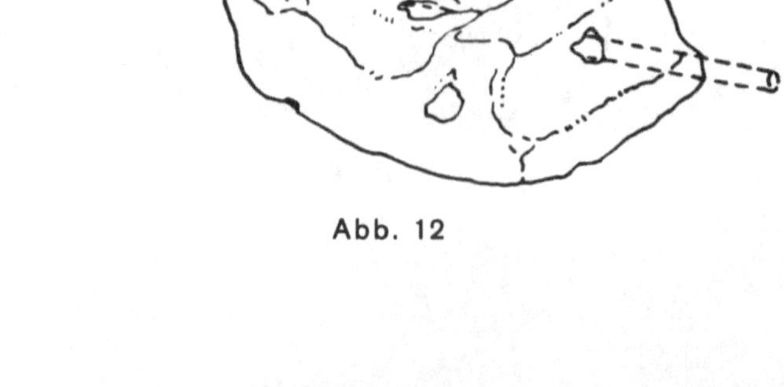
Abb. 12

Abb. 13

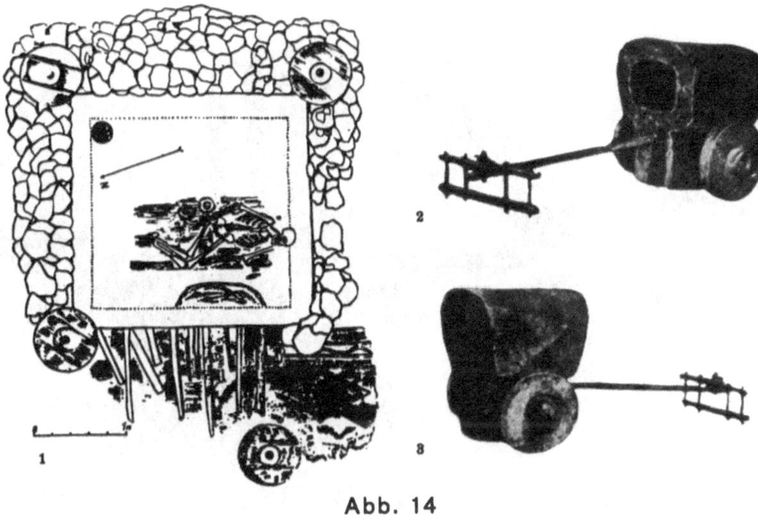

Abb. 14

Abb. 15

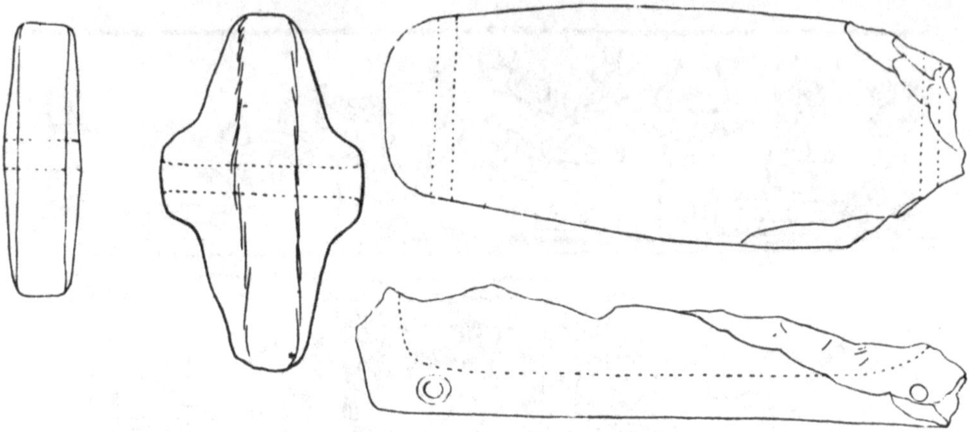

Abb. 16

Abb. 17

Abb. 18

Abb. 19

Abb. 20

Abb. 21

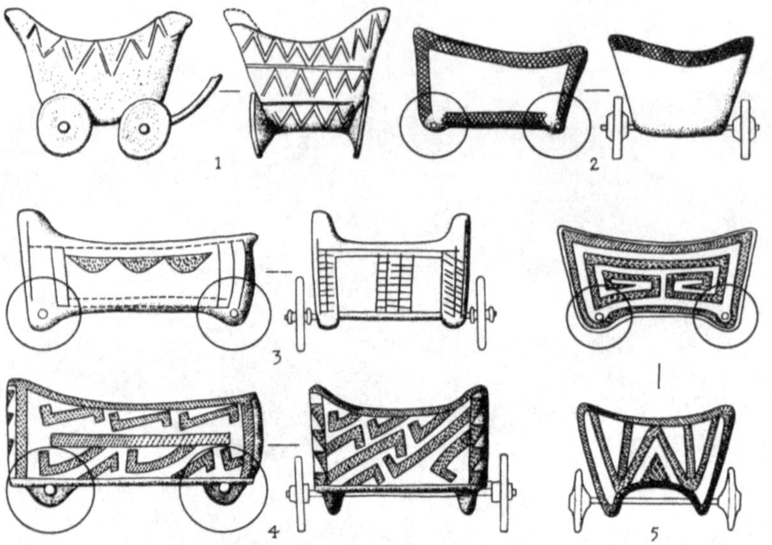

Abb. 22

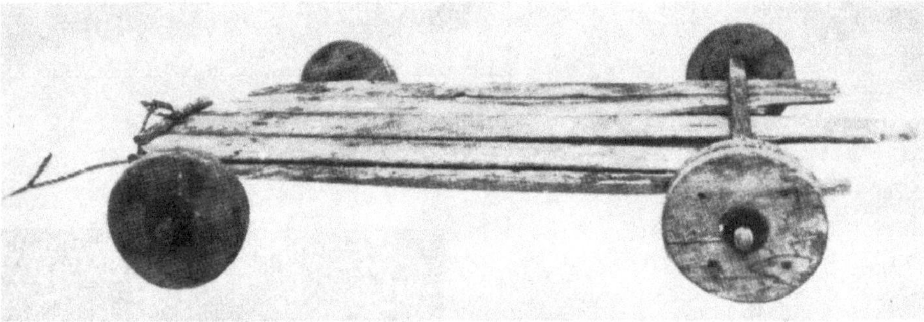

Abb. 23

Abb. 24

Abb. 25

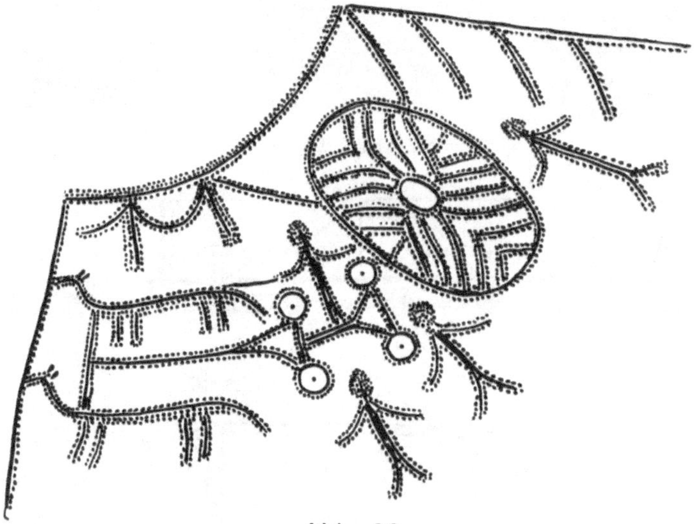

Abb. 26

Abb. 27

Abb. 28

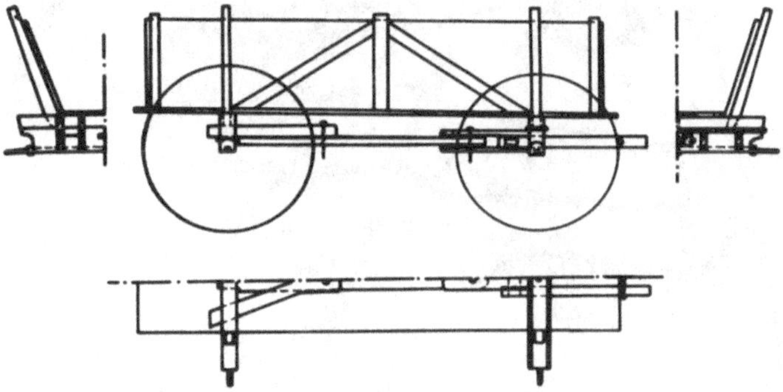

Abb. 29

Abb. 30

Abb. 31

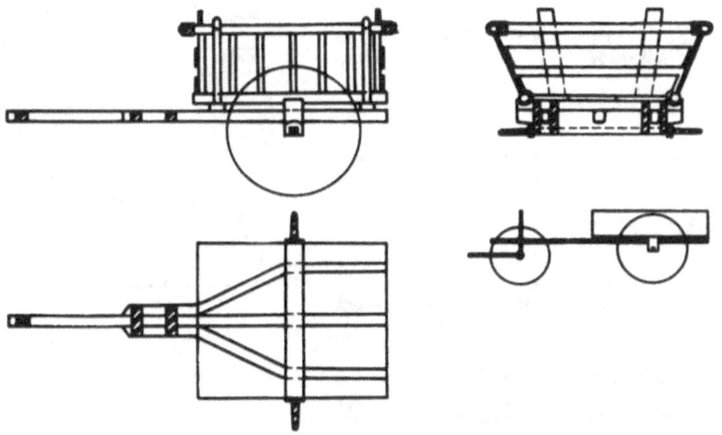

Abb. 32

Abb. 33

Abb. 34

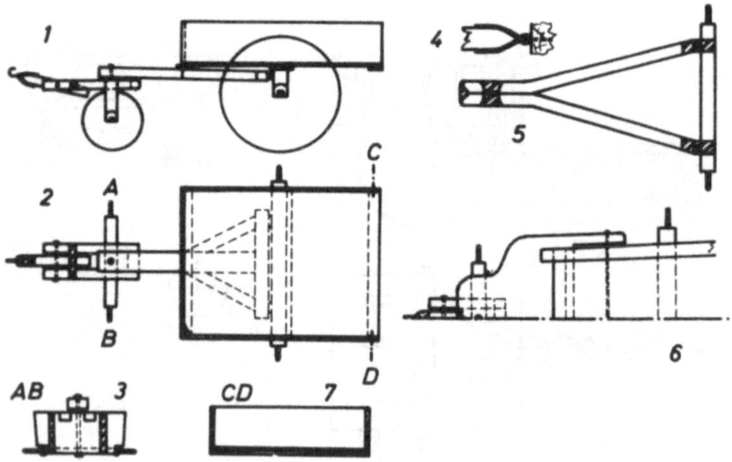

Abb. 35

Abb. 36

Abb. 37

Abb. 38

Abb. 39

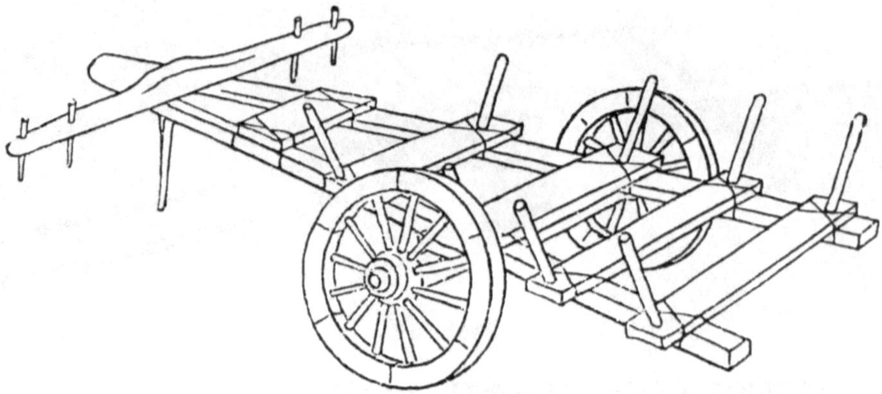

Abb. 40

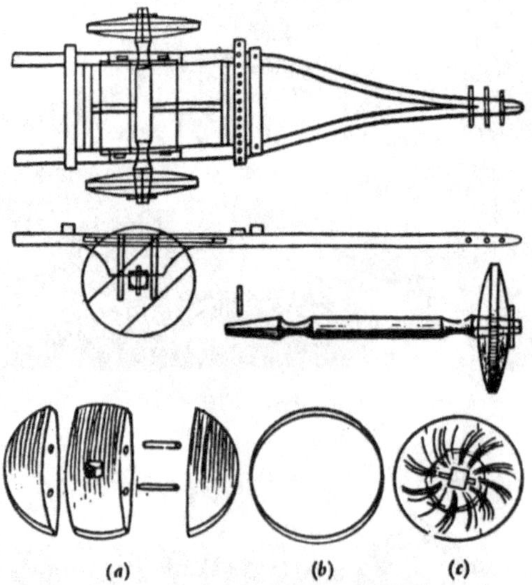

Abb. 41

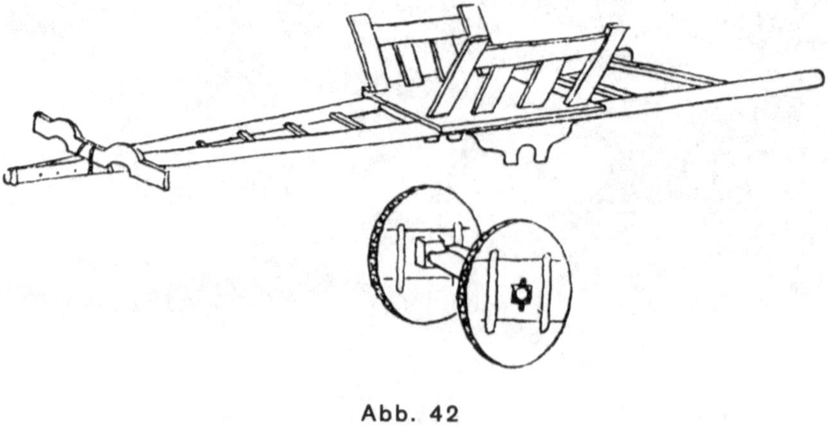

Abb. 42

Abb. 43

Abb. 44

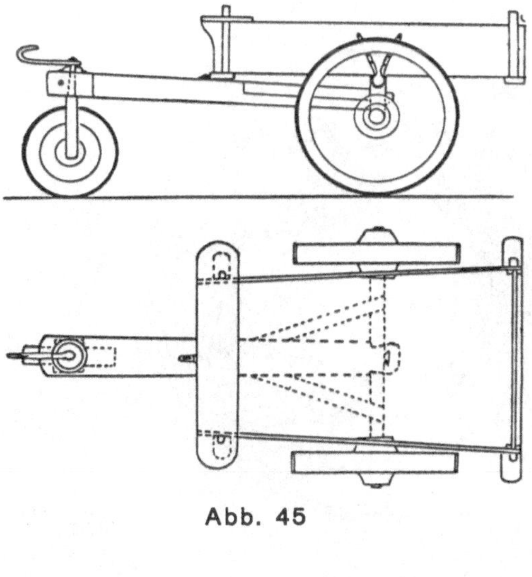

Abb. 45

Abb. 46

Abb. 47

Abb. 48

Abb. 49

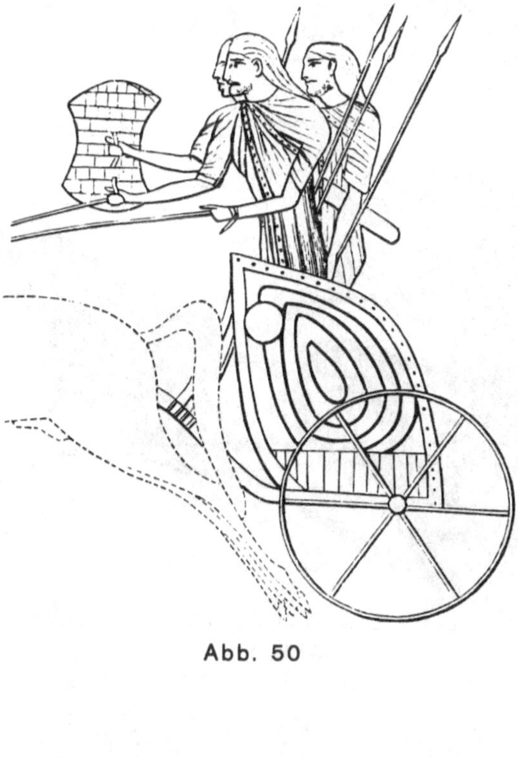

Abb. 50

Abb. 51

Abb. 52

Abb. 53

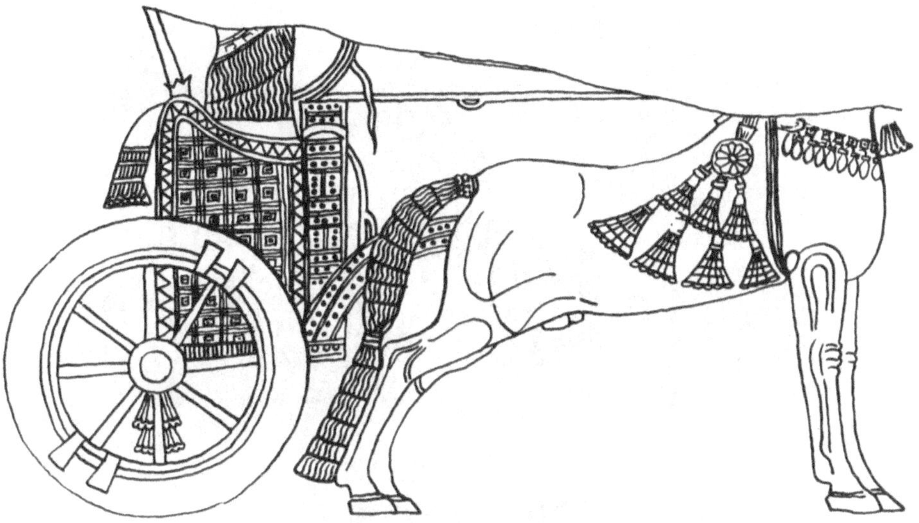

Abb. 54

Abb. 55

Abb. 56

Abb. 57

Abb. 58

Abb. 59

Abb. 60

Abb. 61

Abb. 62

Abb. 63

Abb. 64

Abb. 65

Abb. 66

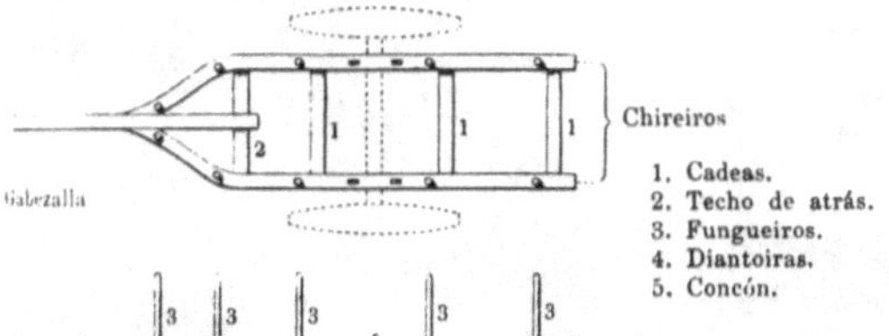

Baskischer Wagen bei Elanchobe.

Abb. 67

Abb. 68

Abb. 69

Abb. 70

Abb. 71

Abb. 72

Abb. 73

Abb. 74

Abb. 75

KARTEN

Regionalbegrenzte Darstellungen der archäologischen Sachforschung

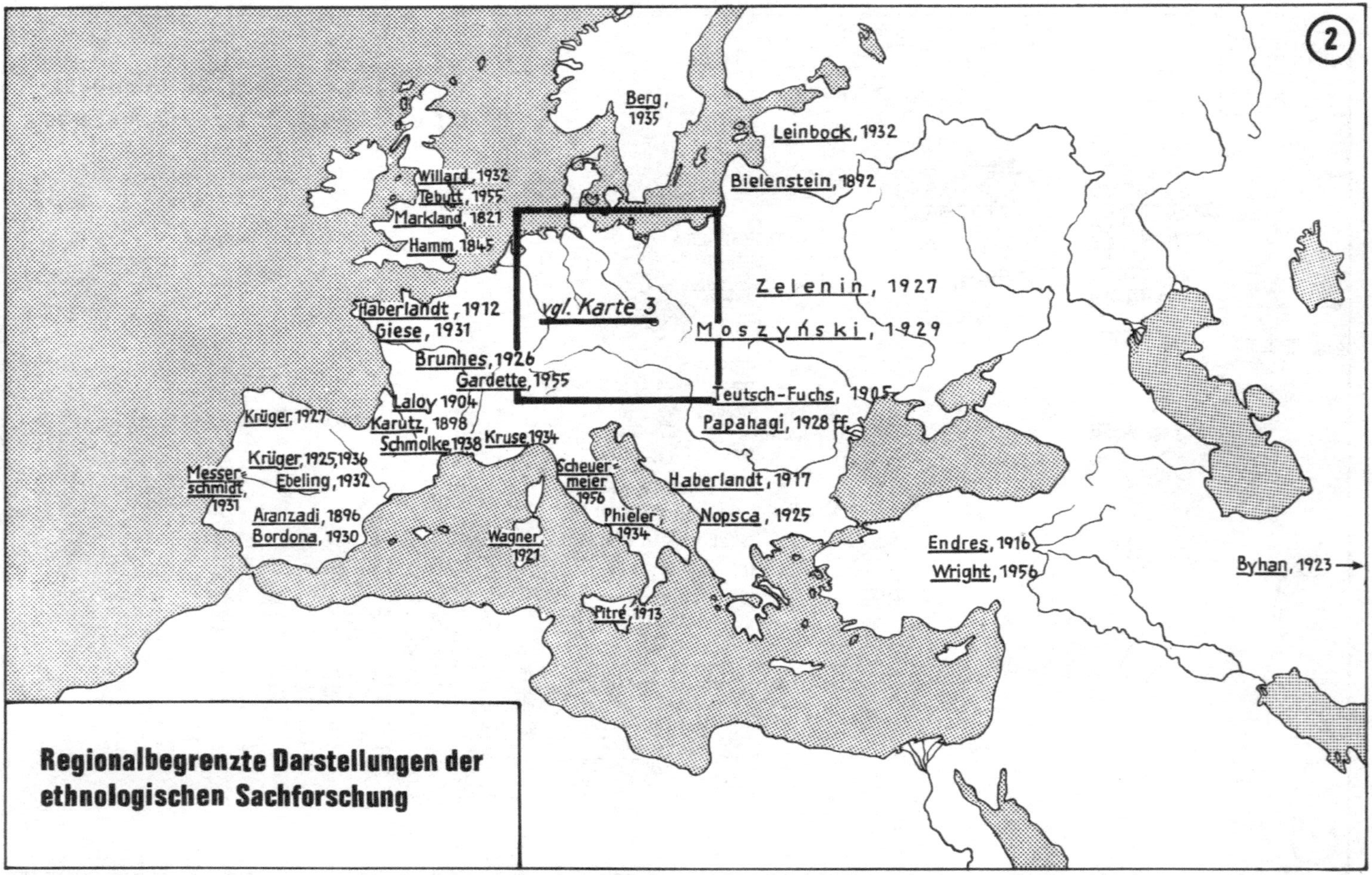

Regionalbegrenzte Darstellungen der ethnologischen Sachforschung

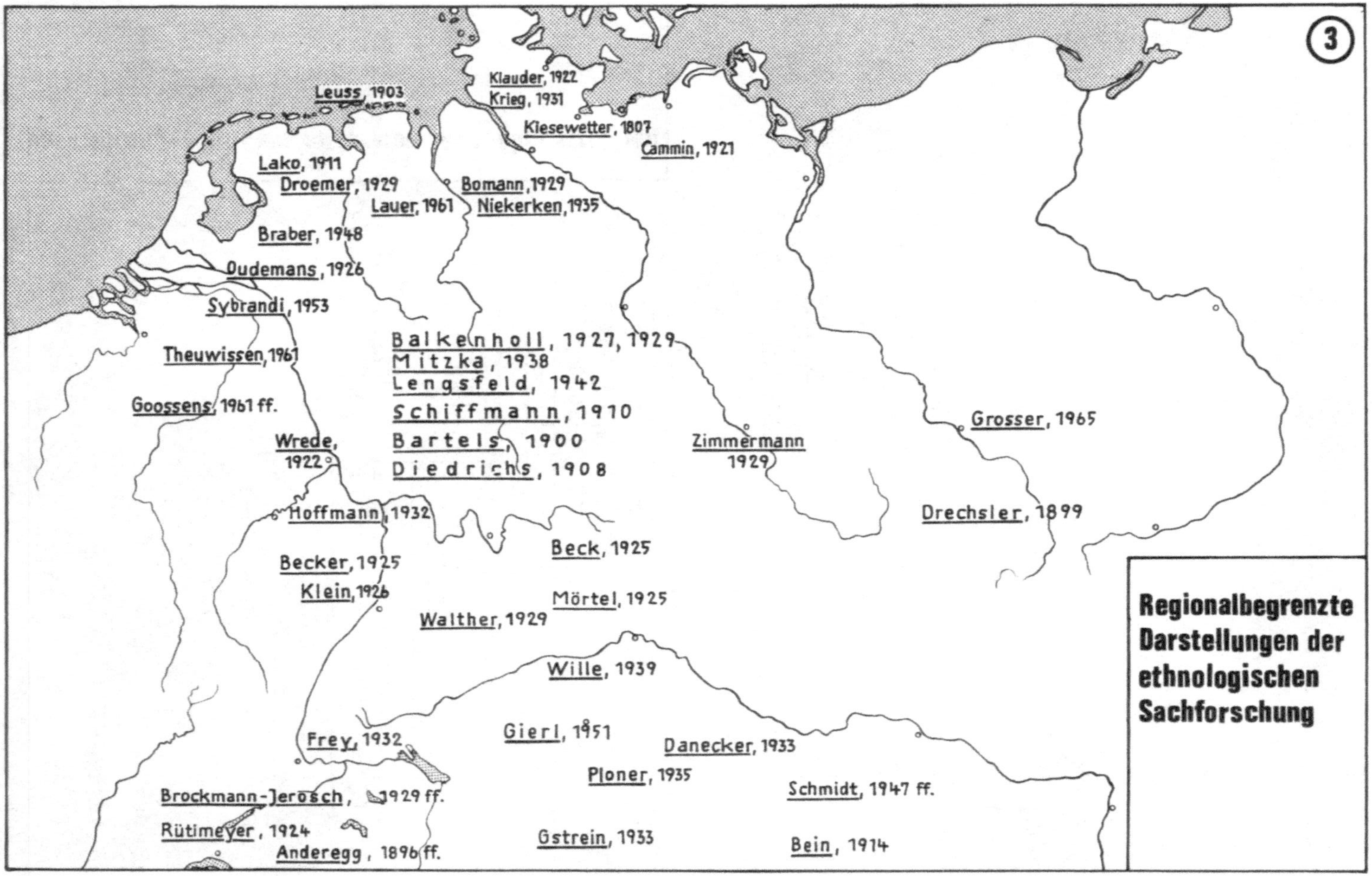
3
Regionalbegrenzte Darstellungen der ethnologischen Sachforschung
Leuss, 1903
Klauder, 1922
Krieg, 1931
Kiesewetter, 1807
Cammin, 1921
Lako, 1911
Droemer, 1929
Lauer, 1961
Bomann, 1929
Niekerken, 1935
Braber, 1948
Oudemans, 1926
Sybrandi, 1953
Theuwissen, 1961
Goossens, 1961 ff.
Balkenholl, 1927, 1929
Mitzka, 1938
Lengsfeld, 1942
Schiffmann, 1910
Bartels, 1900
Diedrichs, 1908
Wrede, 1922
Zimmermann 1929
Grosser, 1965
Drechsler, 1899
Hoffmann, 1932
Beck, 1925
Becker, 1925
Klein, 1926
Mörtel, 1925
Walther, 1929
Wille, 1939
Frey, 1932
Gierl, 1951
Danecker, 1933
Ploner, 1935
Schmidt, 1947 ff.
Brockmann-Jerosch, 1929 ff.
Rütimeyer, 1924
Anderegg, 1896 ff.
Gstrein, 1933
Bein, 1914

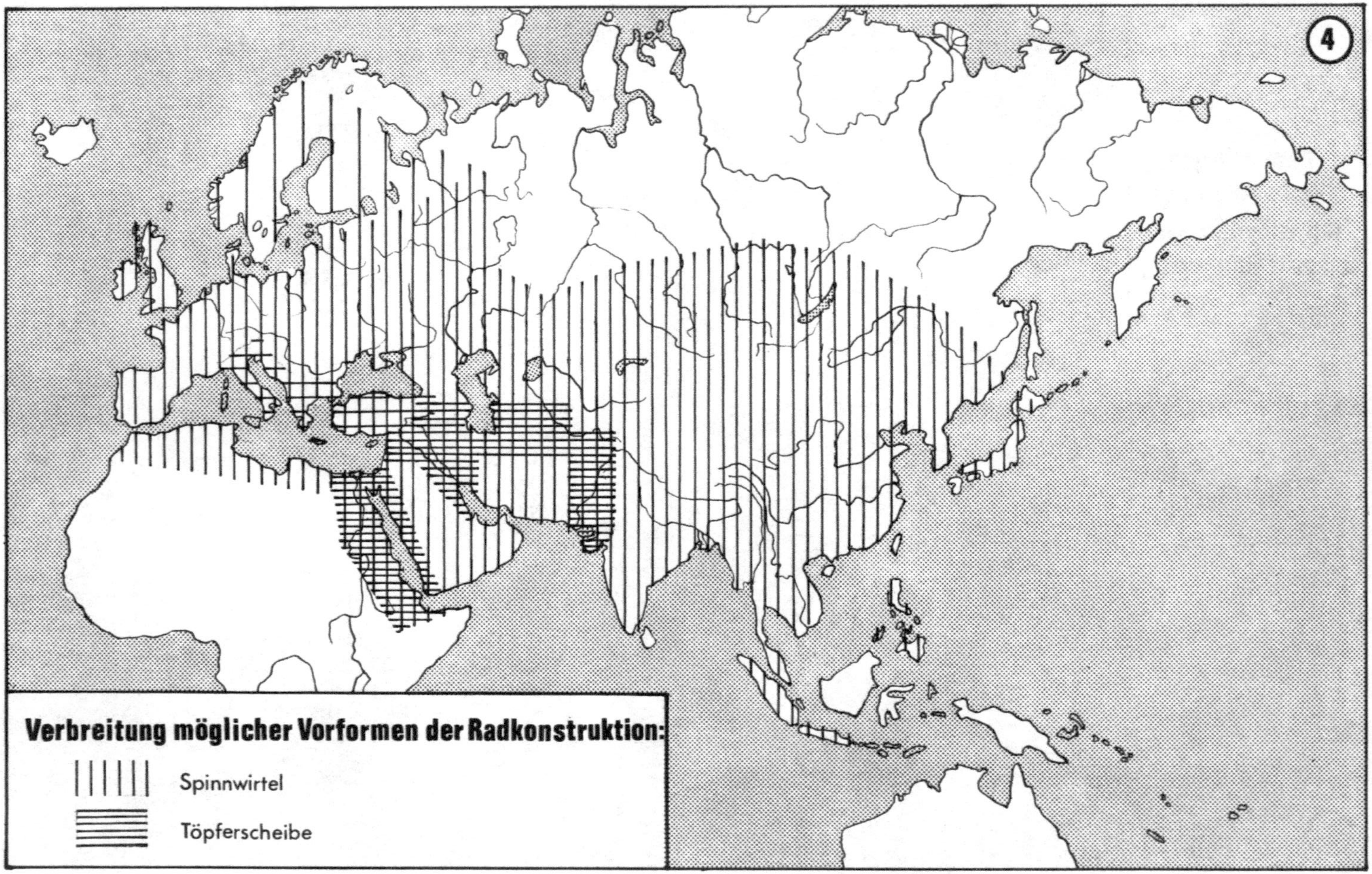
4
Verbreitung möglicher Vorformen der Radkonstruktion:
Spinnwirtel
Töpferscheibe

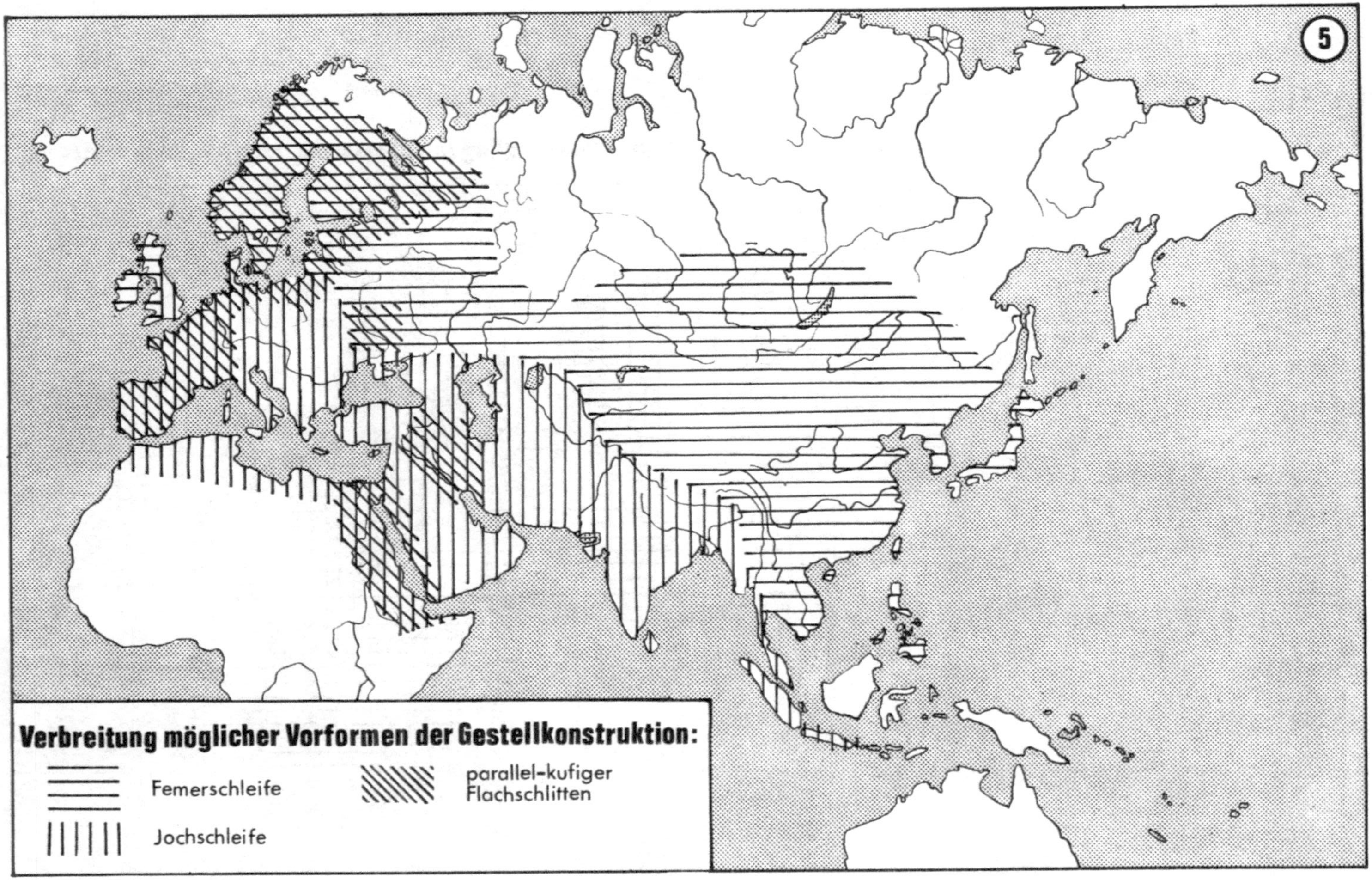
5
Verbreitung möglicher Vorformen der Gestellkonstruktion:
Femerschleife
parallel-kufiger Flachschlitten
Jochschleife

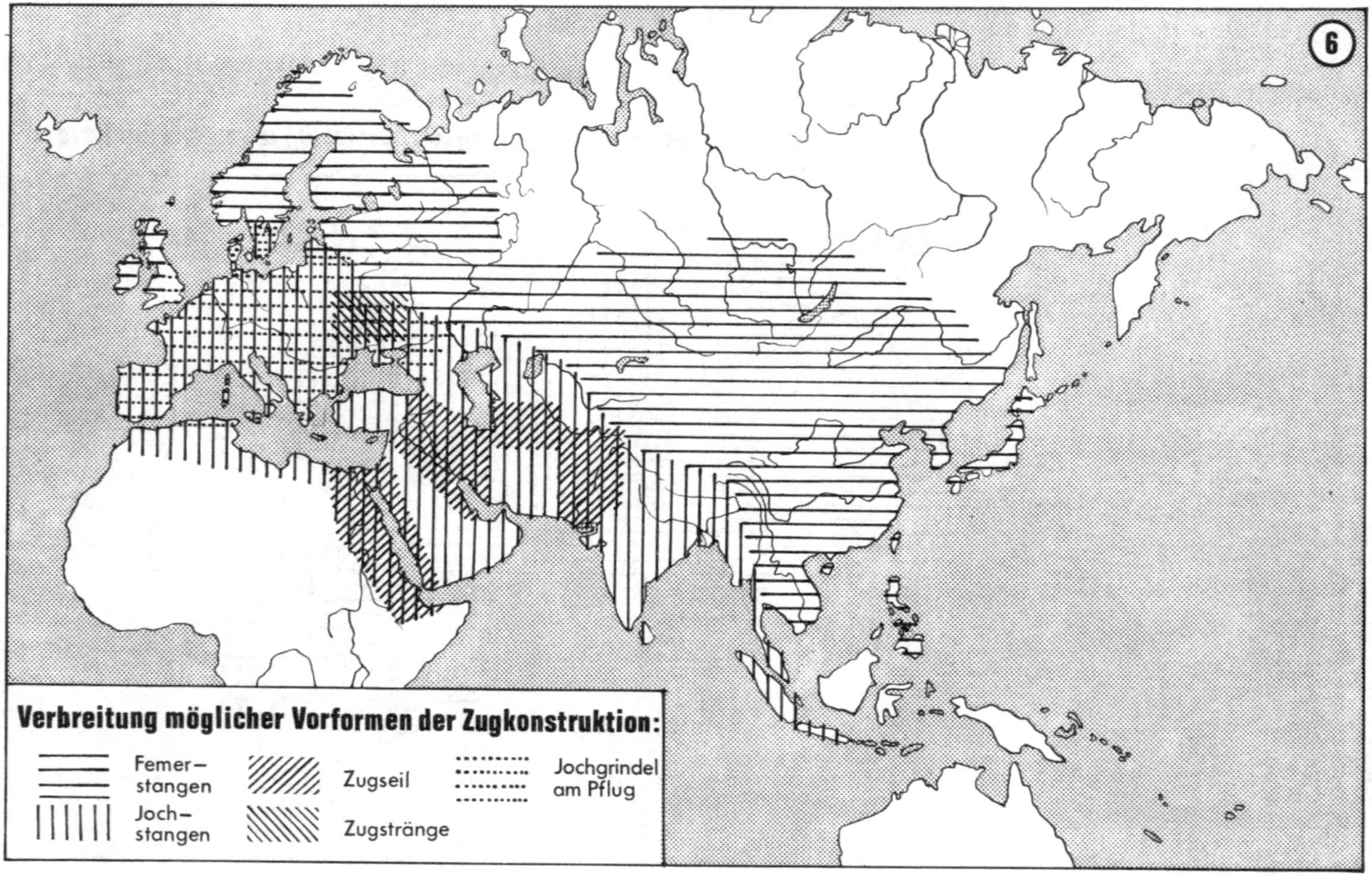
6
Verbreitung möglicher Vorformen der Zugkonstruktion:
Femer-stangen
Joch-stangen
Zugseil
Zugstränge
Jochgrindel am Pflug

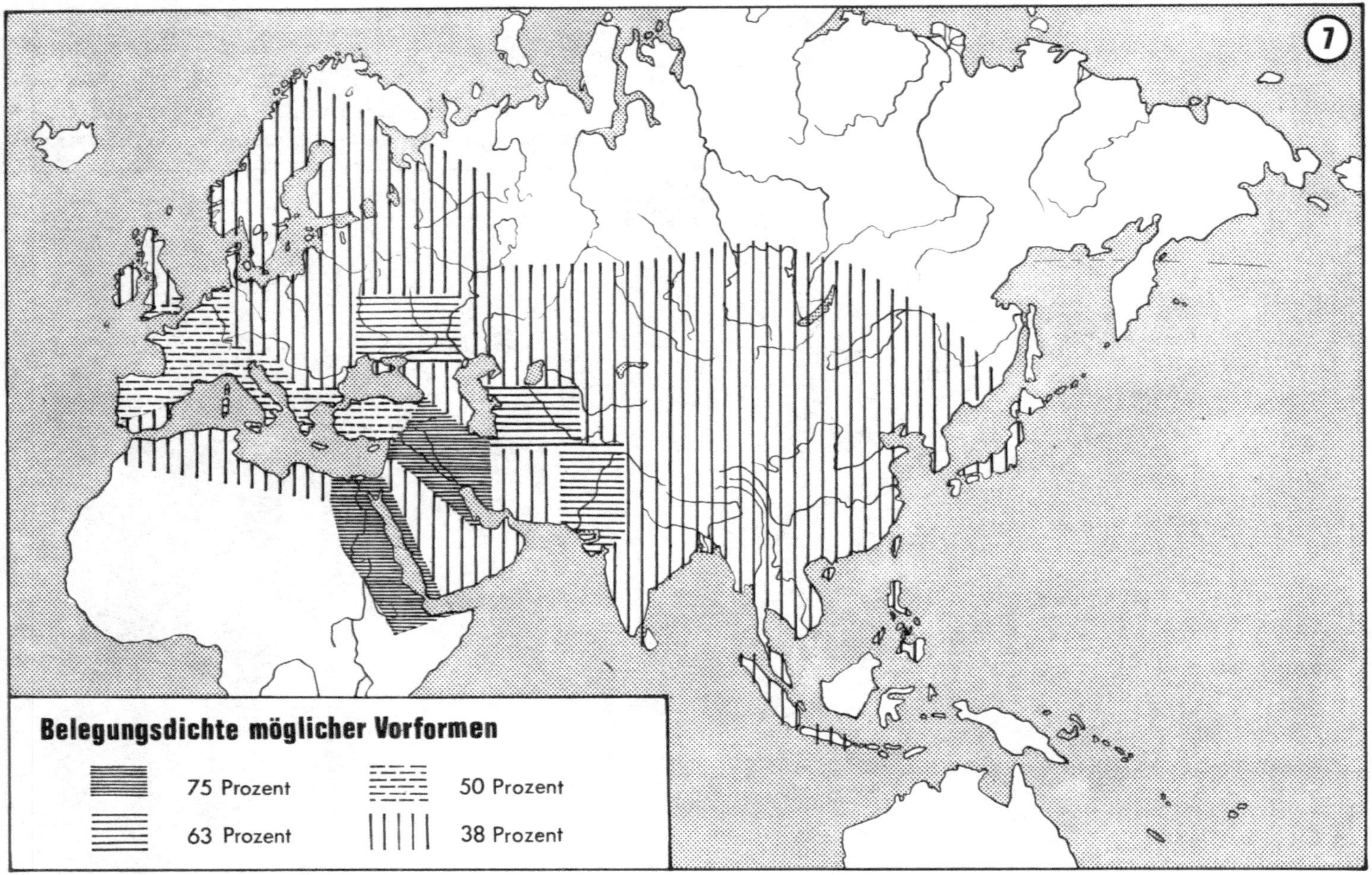
7
Belegungsdichte möglicher Vorformen
75 Prozent
50 Prozent
63 Prozent
38 Prozent

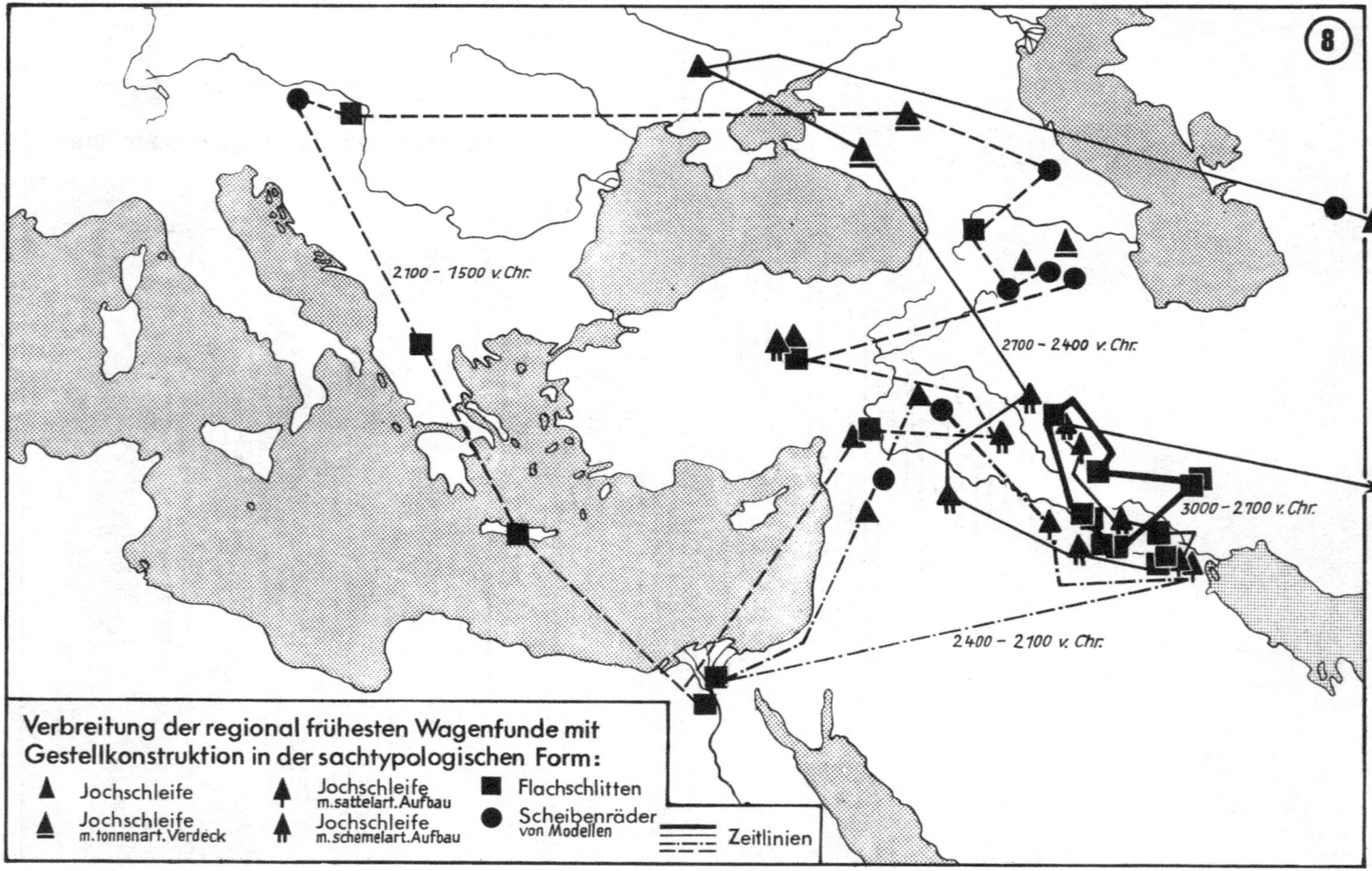
8
2100 - 1500 v. Chr.
2700 - 2400 v. Chr.
3000 - 2700 v. Chr.
2400 - 2100 v. Chr.
Verbreitung der regional frühesten Wagenfunde mit Gestellkonstruktion in der sachtypologischen Form:
Jochschleife
Jochschleife m. tonnenart. Verdeck
Jochschleife m. sattelart. Aufbau
Jochschleife m. schemelart. Aufbau
Flachschlitten
Scheibenräder von Modellen
Zeitlinien

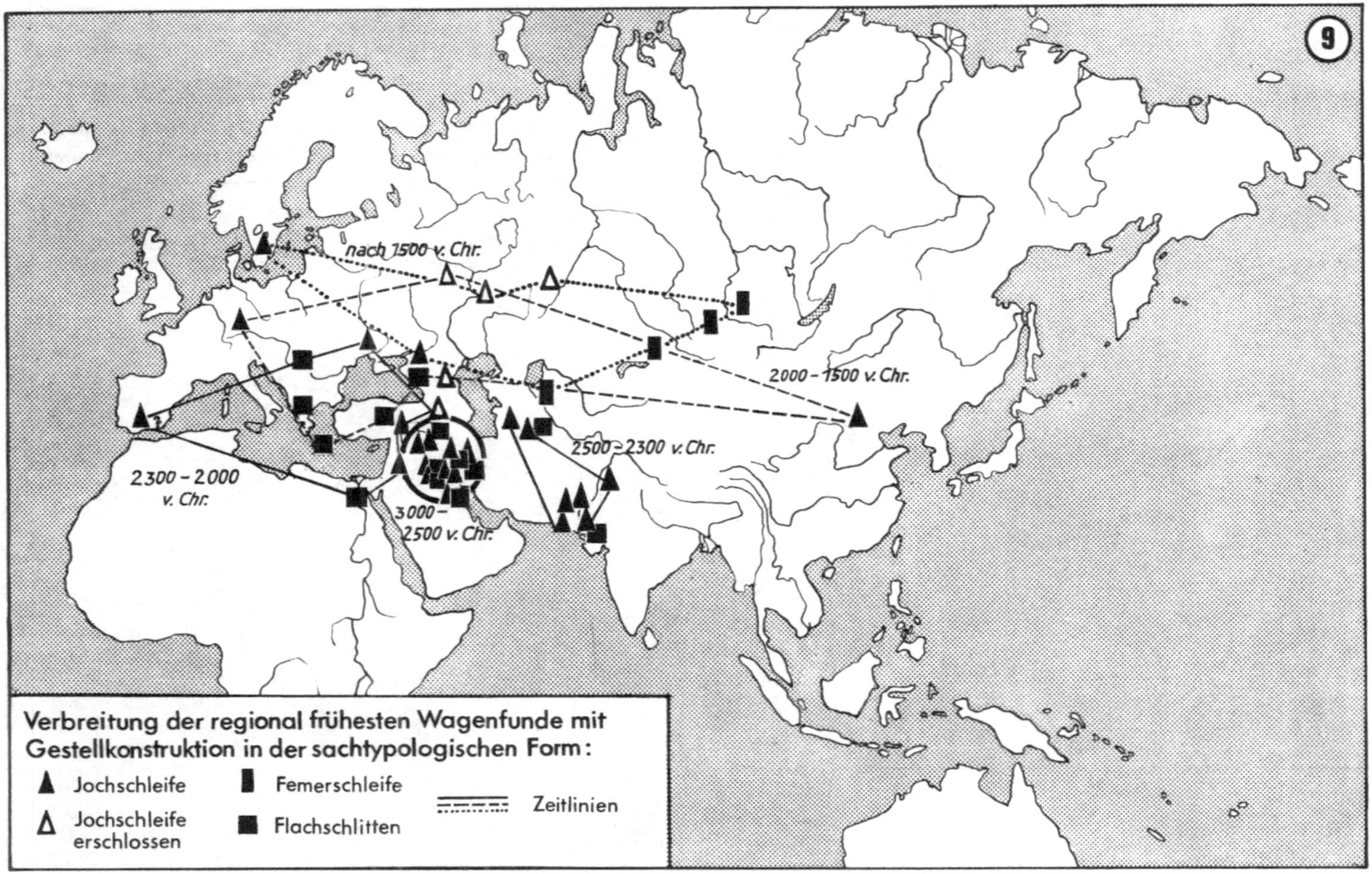
9
nach 1500 v. Chr.
2000 – 1500 v. Chr.
2500 – 2300 v. Chr.
2300 – 2000 v. Chr.
3000 – 2500 v. Chr.
Verbreitung der regional frühesten Wagenfunde mit Gestellkonstruktion in der sachtypologischen Form:
Jochschleife
Jochschleife erschlossen
Femerschleife
Flachschlitten
Zeitlinien

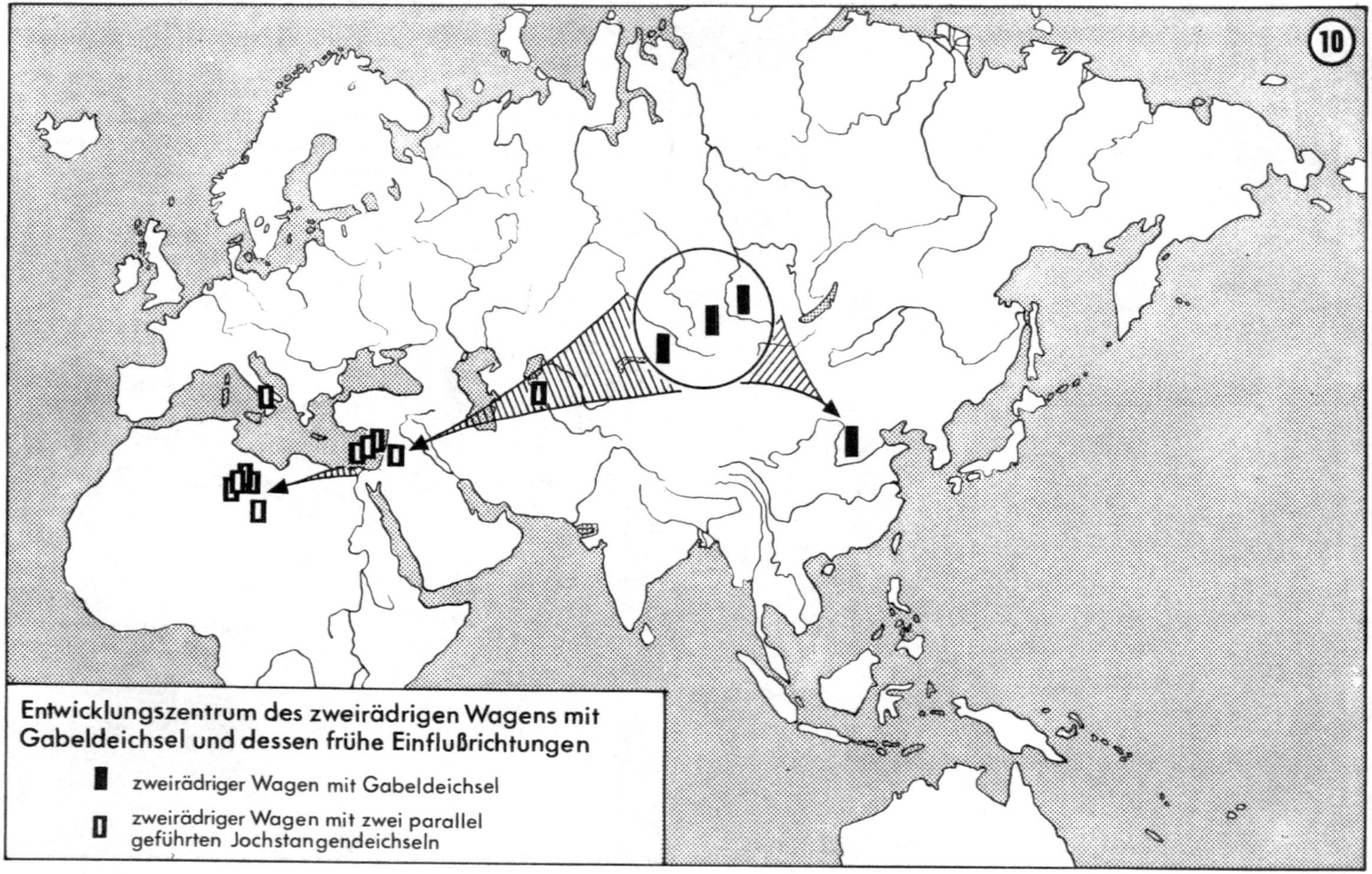
10
Entwicklungszentrum des zweirädrigen Wagens mit Gabeldeichsel und dessen frühe Einflußrichtungen
zweirädriger Wagen mit Gabeldeichsel
zweirädriger Wagen mit zwei parallel geführten Jochstangendeichseln

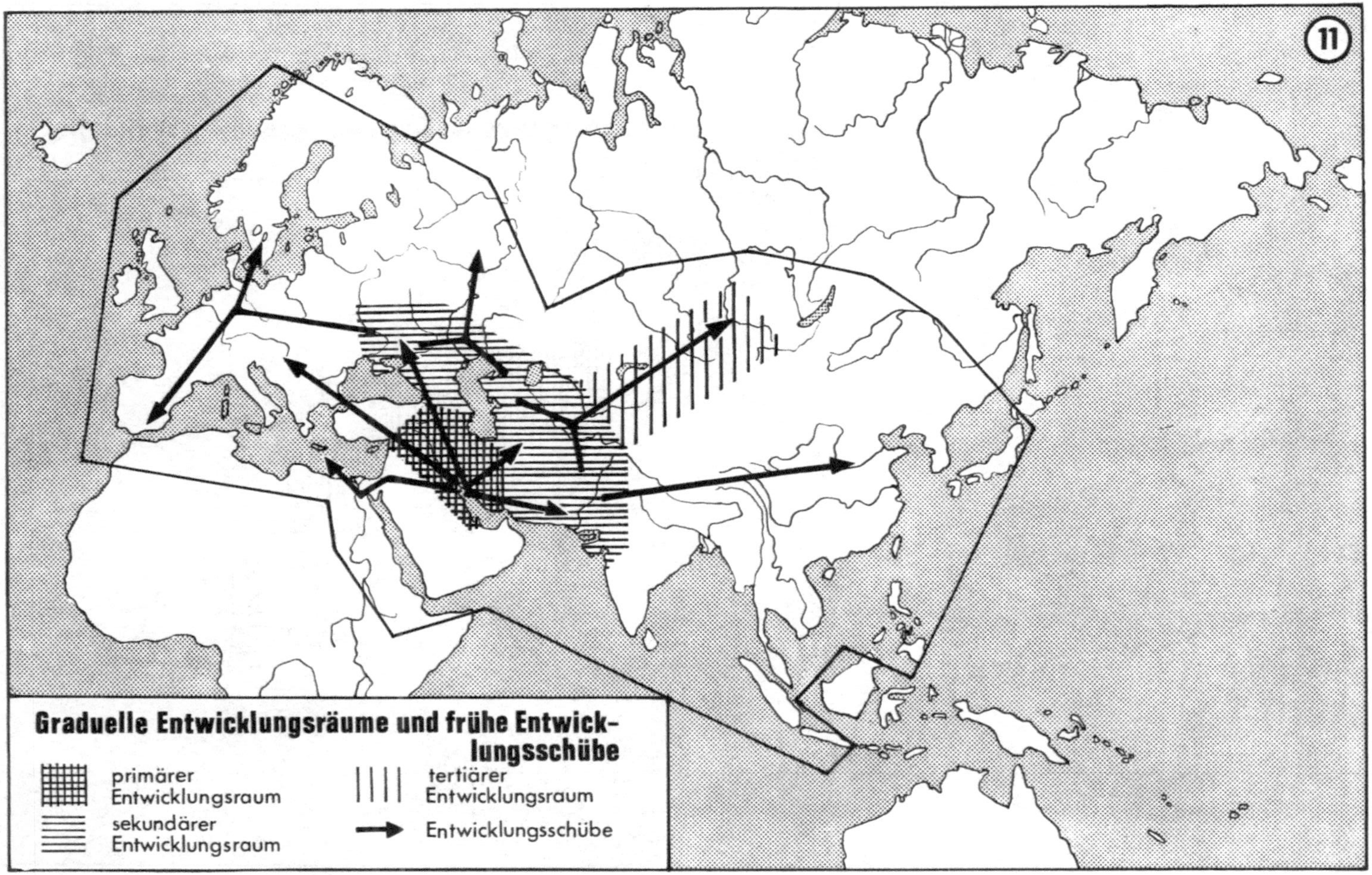
11
Graduelle Entwicklungsräume und frühe Entwicklungsschübe
primärer Entwicklungsraum
sekundärer Entwicklungsraum
tertiärer Entwicklungsraum
Entwicklungsschübe

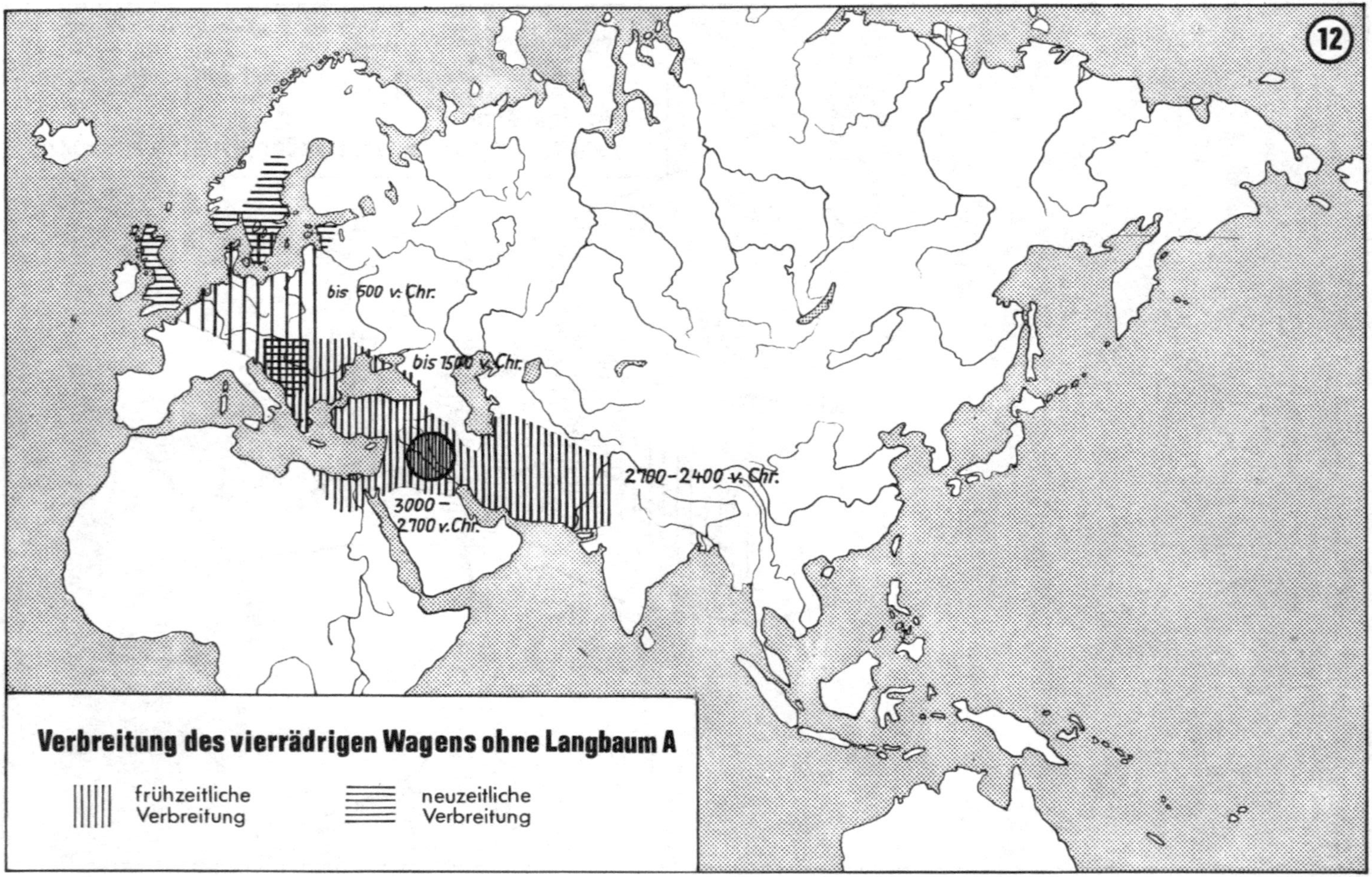

Verbreitung des vierrädrigen Wagens ohne Langbaum A

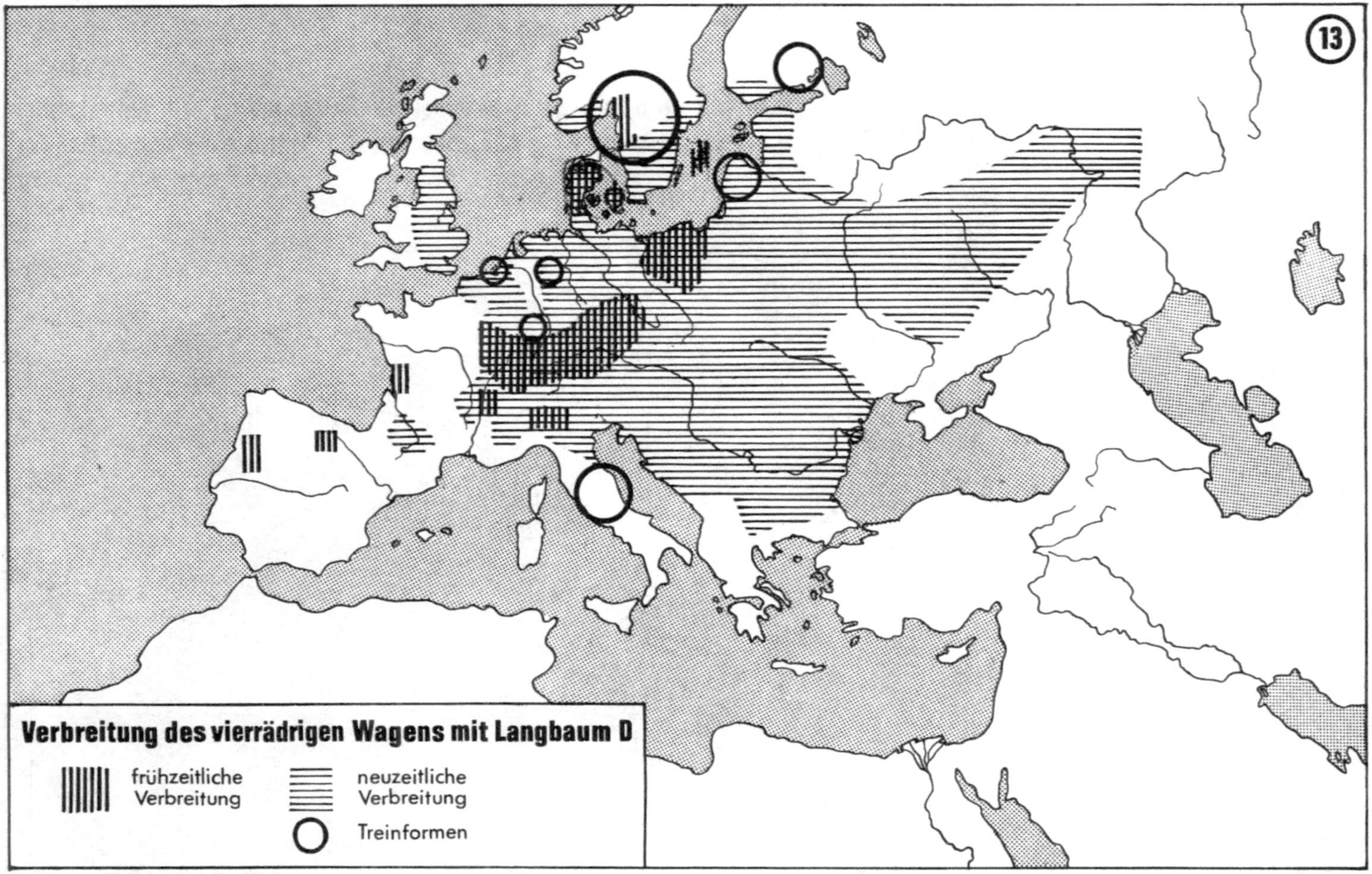
13
Verbreitung des vierrädrigen Wagens mit Langbaum D
frühzeitliche Verbreitung
neuzeitliche Verbreitung
Treinformen

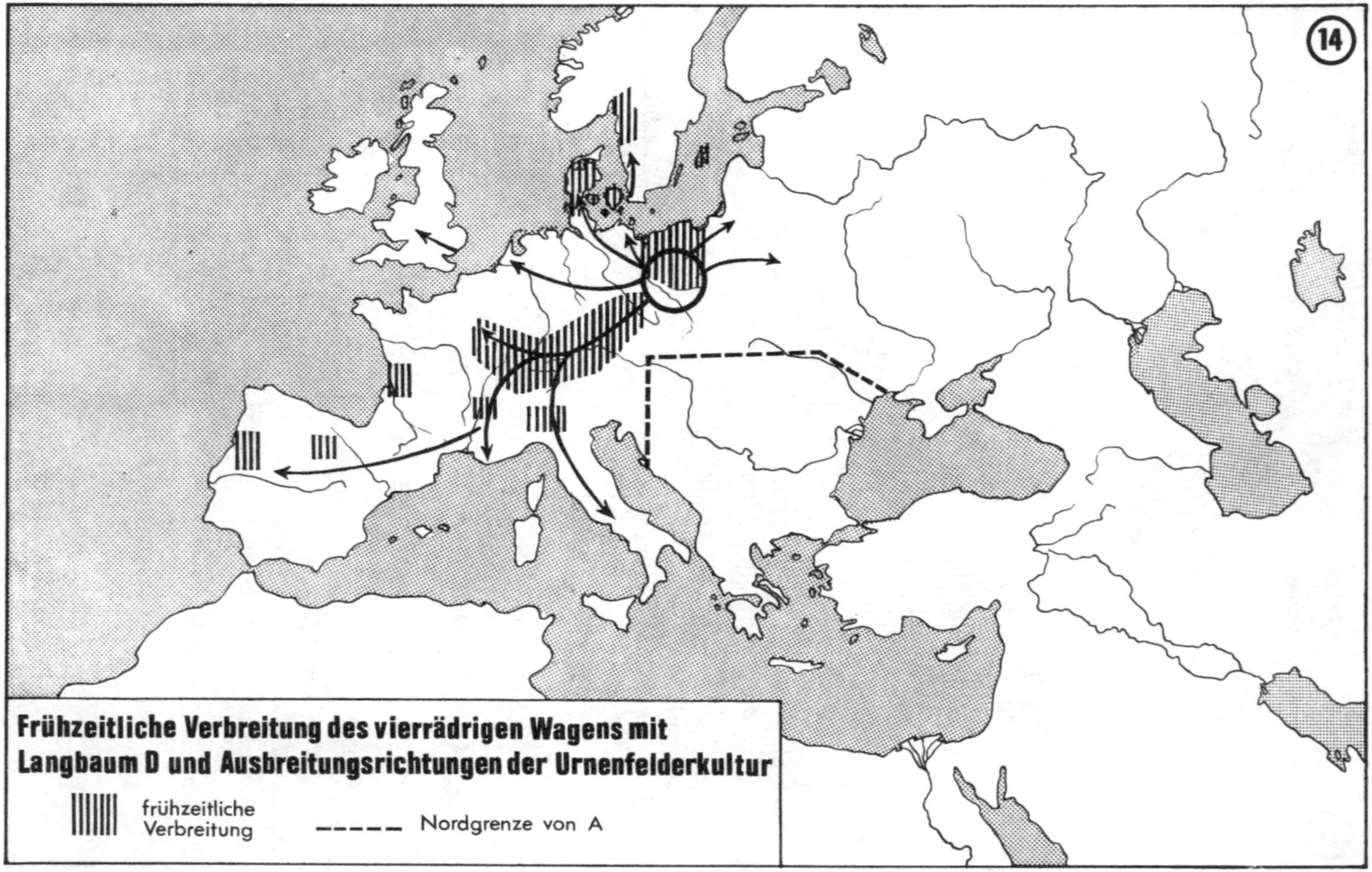
14
Frühzeitliche Verbreitung des vierrädrigen Wagens mit Langbaum D und Ausbreitungsrichtungen der Urnenfelderkultur
frühzeitliche Verbreitung
Nordgrenze von A

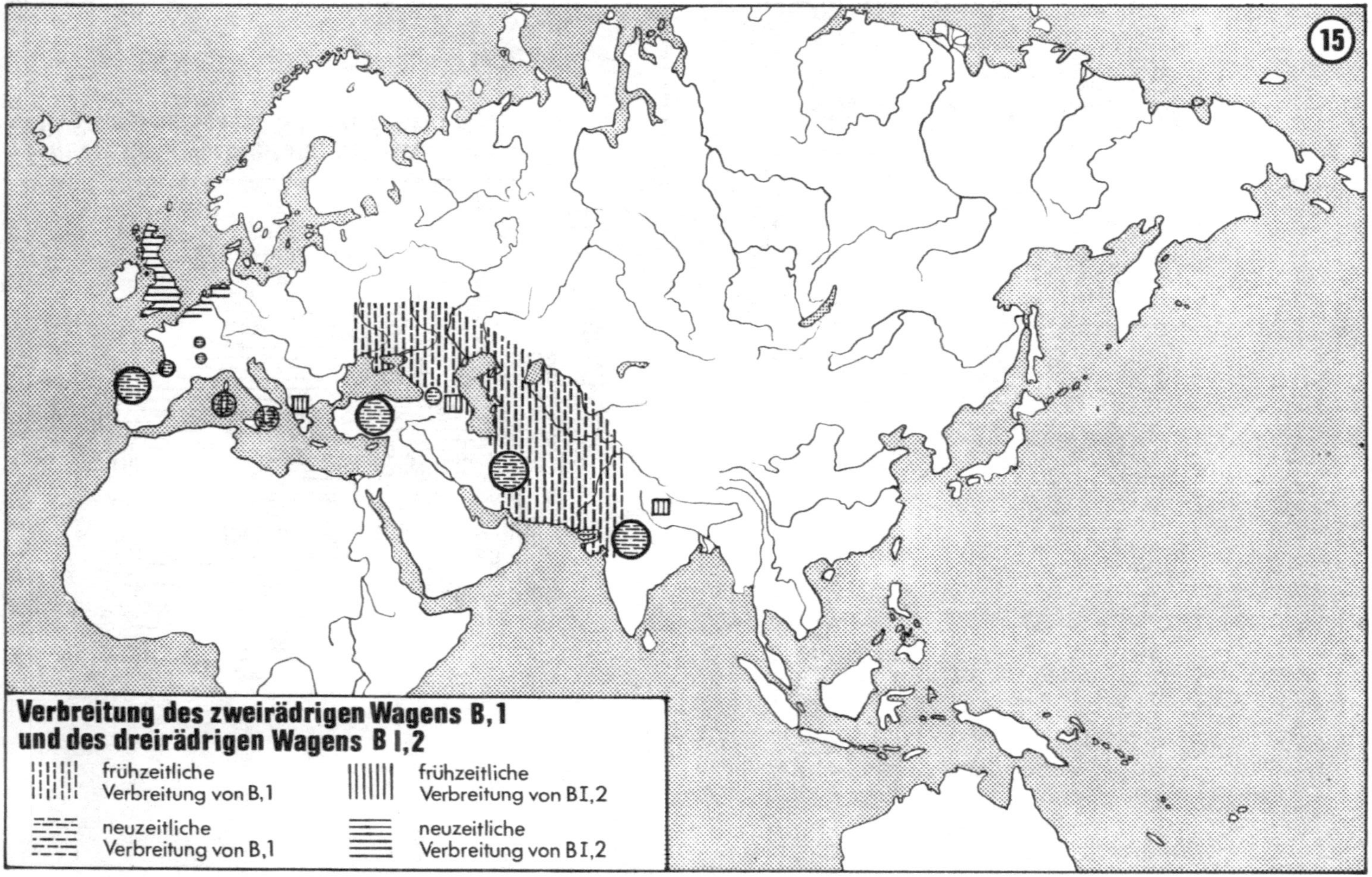
15
Verbreitung des zweirädrigen Wagens B,1
und des dreirädrigen Wagens B I,2
frühzeitliche Verbreitung von B,1
frühzeitliche Verbreitung von B I,2
neuzeitliche Verbreitung von B,1
neuzeitliche Verbreitung von B I,2

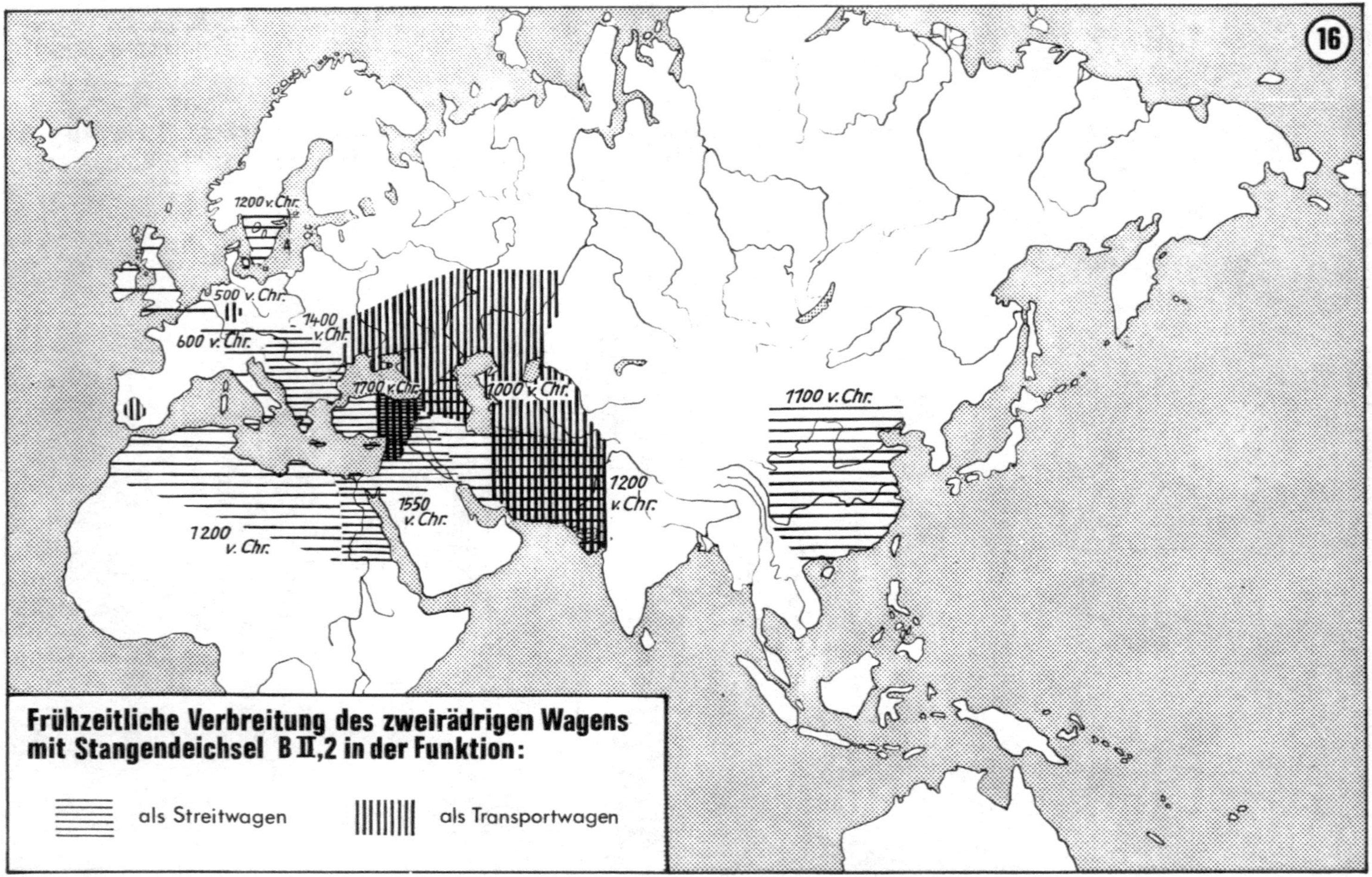

Frühzeitliche Verbreitung des zweirädrigen Wagens mit Stangendeichsel B II,2 in der Funktion:

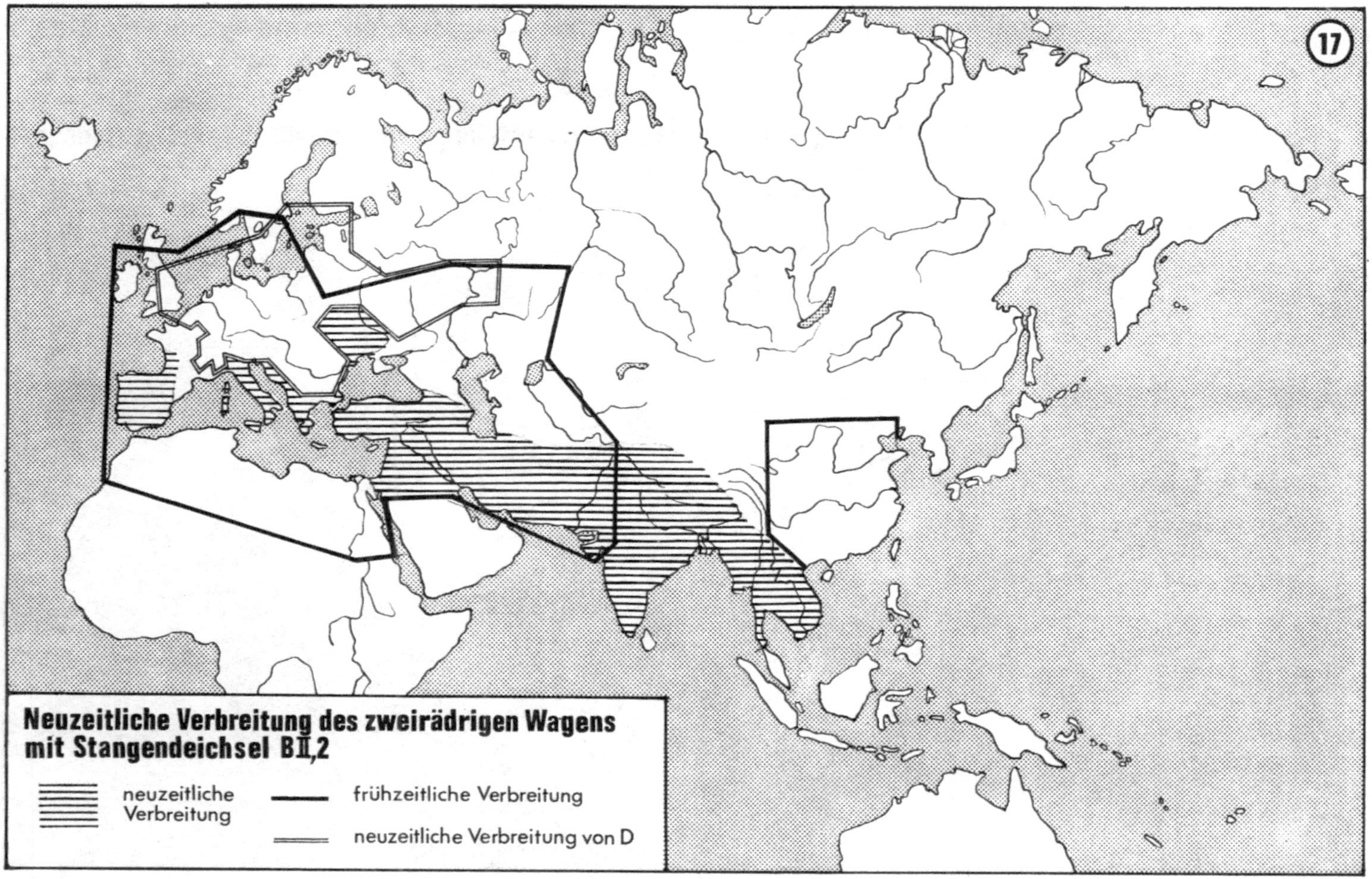
17
Neuzeitliche Verbreitung des zweirädrigen Wagens mit Stangendeichsel BII,2
neuzeitliche Verbreitung
frühzeitliche Verbreitung
neuzeitliche Verbreitung von D

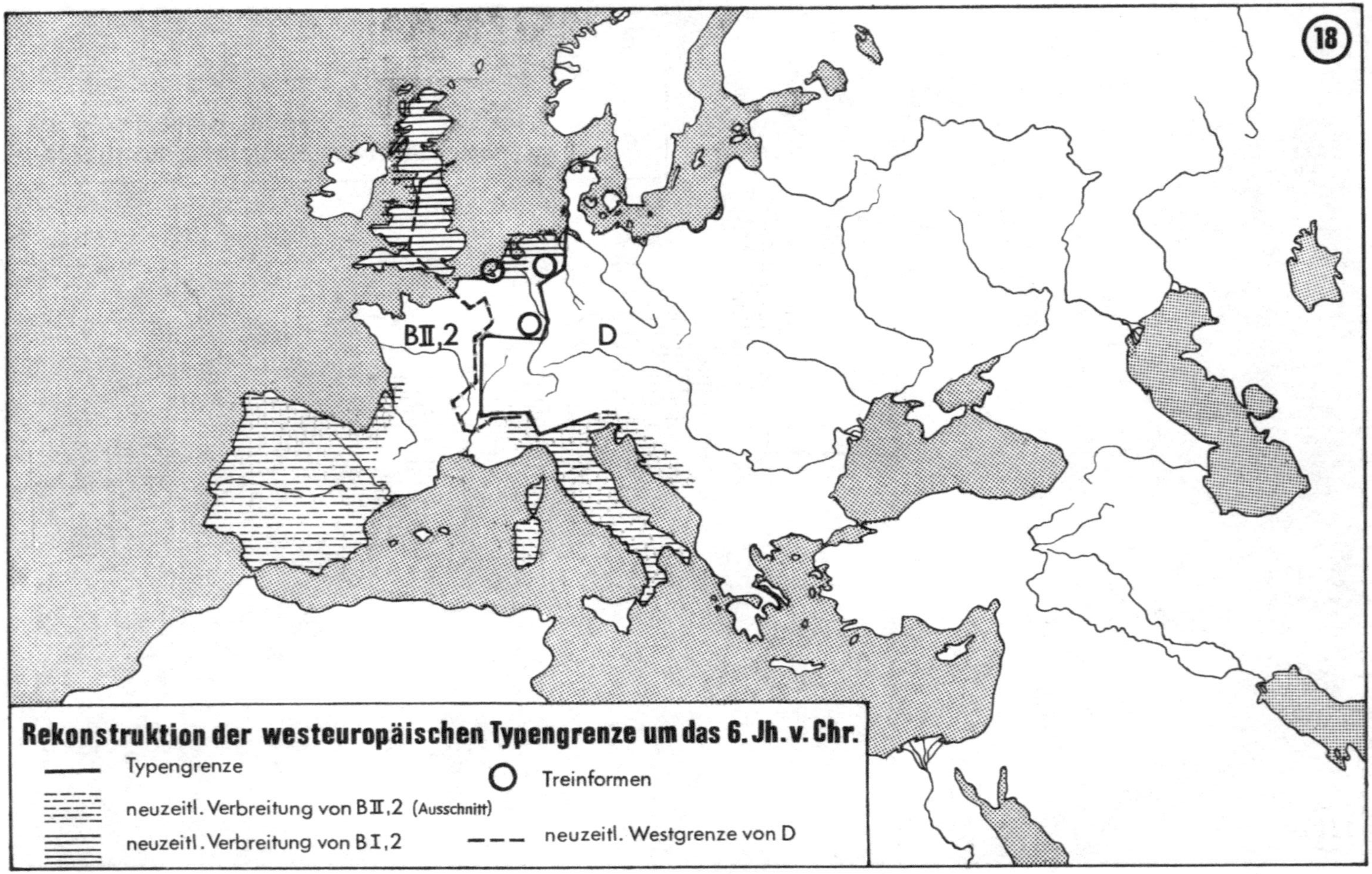
18
BII,2
D
Rekonstruktion der westeuropäischen Typengrenze um das 6. Jh. v. Chr.
Typengrenze
neuzeitl. Verbreitung von BII,2 (Ausschnitt)
neuzeitl. Verbreitung von BI,2
Treinformen
neuzeitl. Westgrenze von D

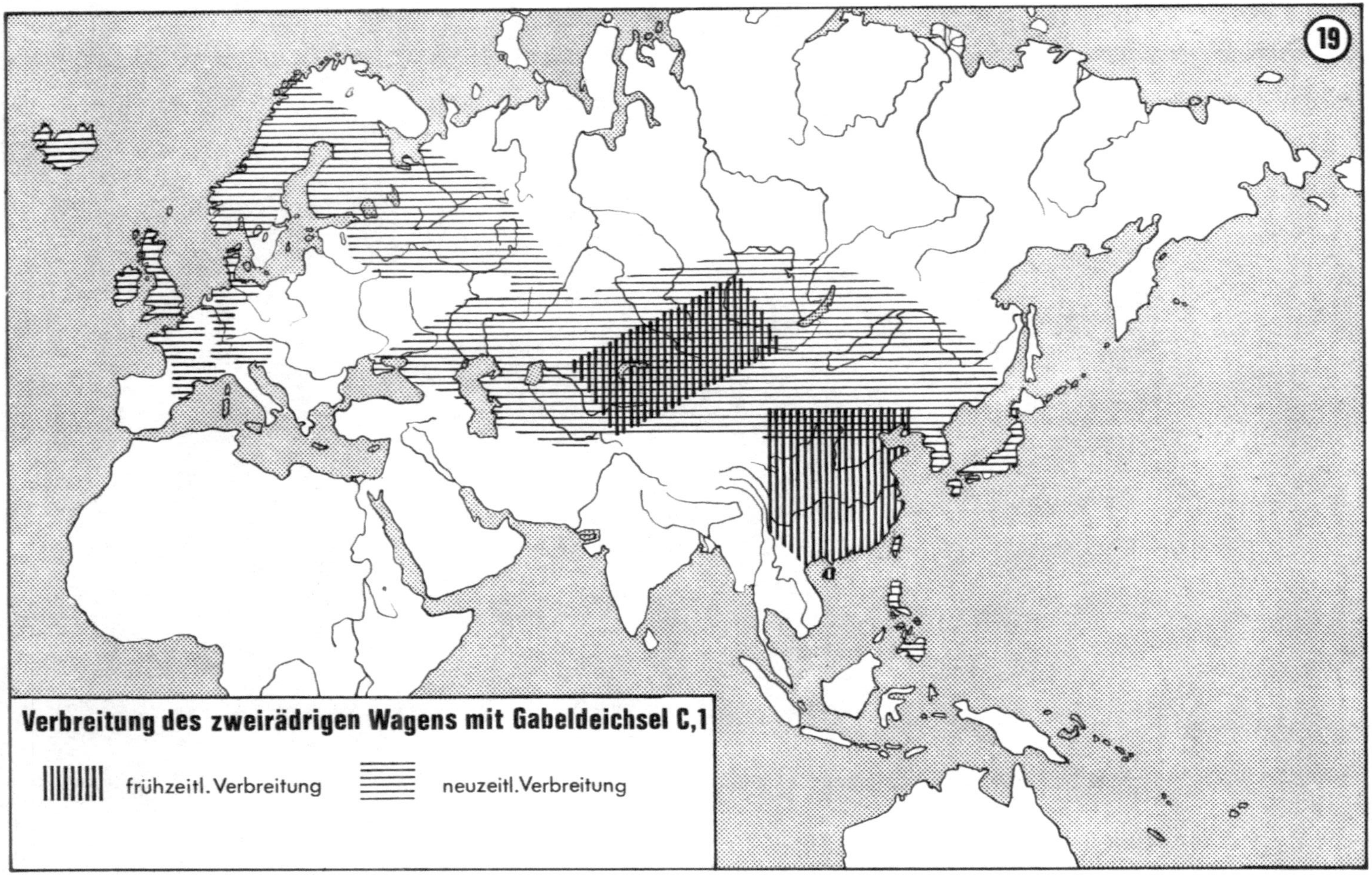
19
Verbreitung des zweirädrigen Wagens mit Gabeldeichsel C,1
frühzeitl. Verbreitung
neuzeitl. Verbreitung

Studies in Jewish and World Folklore

by Haim Schwarzbaum

Groß-Oktav. X, 604 Seiten. 1968. Ganzleinen DM 148,—
(Reihe B: Untersuchungen, Band 3)

This study is the first important contribution of Israel folkloristics to general folklore scholarship.
The role of Jewish Mediaeval writings in the dissemination of folktales from East to West, and vice versa, has been known for a long time. This influence of Jewish tradition has, however, not been traced in folkloristic scholarly literature as far as the folk-literature of modern times is concerned.
Haim Schwarzbaum has just completed a comprehensive work based on the recent collection of 540 Yiddish folktales and fables, *Ma'aselech un Mesholim* by Naftoli Gross, thus providing folklorists, with an authoritative outline of many common *Motifs* in Jewish and international folk-narrative.
His work not only opens up and epitomizes for world scholarship hundreds of folktale versions, printed in unknown and inaccessible Yiddish and Hebrew collection, books, periodicals, and chapbooks. It is also a rich treasury of comparative notes and sound conclusions, many of which cast up new, original ways in studying life stories of individual tales on the international scale.

Wolfram Eberhard

Erzählungsgut aus Südost-China

Groß-Oktav. XII, 298 Seiten. 1966. Ganzleinen DM 56,—
(Reihe A: Texte, Band 6)

In China, dem klassischen Land der Literaten, erwachte das Interesse an der Volksliteratur erst im Zuge der umgangssprachlichen Bewegung von 1917/18. Das literarische Chinesisch läßt sich mit der Stellung des Latein im mittelalterlichen Europa vergleichen und wurde vom schriftunkundigen Volk nicht verstanden. Es fehlt daher jegliche Aufzeichnung von Volksliteratur vor dieser Zeit. In den dreißiger Jahren konnte der Verfasser in der Provinz Chekiang drei Sammlungen von Volkstexten einsehen und sie ins Deutsche übertragen. Die größte Sammlung umfaßt rund 475 einzelne Erzählungen, die ein Herr Tas'ao von Jungen und Mädchen im Alter von etwa 14 bis 17 Jahren hatte aufschreiben lassen; es handelt sich um die Wiedergabe von Märchen, Schwänken, Legenden, Sagen und Anekdoten. Auch die beiden anderen Sammlungen sind ähnlichen Inhalts und z. T. ebenfalls von Schülern gesammelt worden. Der große Wert der vorliegenden Veröffentlichung liegt darin, daß sie weltanschaulich unbeeinflußte Volksliteratur des vorkommunistischen Chinas vermittelt, wie sie heute kaum noch in Erfahrung zu bringen sein dürfte.

Asien-Bibliographie, Frankenau

Walter de Gruyter · Berlin · New York

Kolibri 360 GmbH
Ferdinand-Jühlke-Straße 7
99095 Erfurt, Deutschland
produktsicherheit@kolibri360.de